增材制造
——功能化构件

朱东彬　著

机械工业出版社

本书以功能化构件——人工义齿为例，介绍了功能化构件的增材制造方法及其材料性能优化工艺。通过数值模拟方法的运用及增材制造系统的开发，实现了针对功能化构件的材料组分及关键性能优化工艺的调控，并对整个增材制造过程进行了系统性研究，为增材制造功能化人工义齿的应用开辟了新途径。

本书对从事功能化构件增材制造研究开发的工程技术人员具有较高的参考价值，也可以作为普通高等院校增材制造相关专业本科生和研究生的教学参考书。通过对本书的阅读及学习，读者可以更加深入地了解功能化构件的增材制造方法，为今后的研究提供新思路。

图书在版编目（CIP）数据

增材制造：功能化构件/朱东彬著. —北京：机械工业出版社，2022.4

ISBN 978-7-111-70684-7

Ⅰ.①增… Ⅱ.①朱… Ⅲ.①快速成型技术 Ⅳ.①TB4

中国版本图书馆 CIP 数据核字（2022）第 076260 号

机械工业出版社（北京市百万庄大街22号　邮政编码100037）

策划编辑：王勇哲　　　　　责任编辑：王勇哲

责任校对：樊钟英　李　婷　封面设计：张　静

责任印制：邰　敏

北京富资园科技发展有限公司印刷

2022 年 10 月第 1 版第 1 次印刷

169mm×239mm · 6.75 印张 · 81 千字

标准书号：ISBN 978-7-111-70684-7

定价：29.00 元

电话服务　　　　　　　　　网络服务

客服电话：010-88361066　　机 工 官 网：www.cmpbook.com

　　　　　010-88379833　　机 工 官 博：weibo.com/cmp1952

　　　　　010-68326294　　金 书 网：www.golden-book.com

封底无防伪标均为盗版　机工教育服务网：www.cmpedu.com

前 言

　　增材制造技术，也称为 3D 打印技术，是 21 世纪具有颠覆性的先进制造技术。增材制造技术能够按照设计的模型打印成形复杂的三维结构，并能够在制备打印体时对其微观结构进行精确控制，实现跨尺度的材料加工成形。这种独特的制造技术正越来越广泛地影响着各行各业的发展。

　　随着生物制造这一概念的提出及患者对修复体的个性化需求的不断增多，增材制造在医疗领域将其定制化的特性发挥得淋漓尽致。采用增材制造技术能够复制出与患者缺损部位完全匹配的人工骨骼、人工牙齿等组织，这不仅能对患者缺损部位实现完美、精准的修复，而且还可在打印的同时，对修复体的材料组分性能进行调控，从而提高移植和修复的效果，避免术后并发症和后遗症。利用生物材料打印人工骨骼、人工牙齿、人工关节等人体组织替代品也是当前增材制造技术的研究热点之一。

　　近年来，我们在国家自然科学基金委员会和河北省自然科学基金委员会的资助下，对功能化构件的增材制造方法及材料性能优化方面进行了较系统的理论和实验研究，取得了一些进展。本书以增材制造技术为主线，分别介绍了与增材制造相关的材料学和工艺学原理、数学模拟方法、增材制造系统开发等内容，以及功能化构件增材制造的应用领域与发展前景。本书对从事功能化构件增材制造研究开发的工程技术人员具有较高的参考价值，也可以作为普通高等院校增材制造相关专业本科生和研究生的教学参考书。

本书共五章，第 1 章主要介绍了功能化构件的制作工艺及方法的研究现状；第 2 章主要介绍了功能化构件的数字化设计方法；第 3 章对功能化构件的制造系统开发及快速制造方法进行了简要介绍；第 4 章提出了功能化材料的制备方法，并对功能化材料的关键性能优化进行了系统研究；第 5 章主要介绍了功能化构件数字化成形与实验研究。

本书的出版旨在全面介绍增材制造功能化义齿方面的原创性成果，与同行深入学习交流。但限于作者水平，书中错误之处在所难免，敬请广大读者批评指正、不吝赐教。

作　者

2022 年 3 月

|目 录|

4 第4章 功能化材料的制备与性能研究 / 42

5 第5章 功能化构件的数字化成形与实验研究 / 74

第 1 章

绪 论

1.1 引言

增材制造作为先进制造技术的代表，与传统制造工艺相比，在成形原理、原料形态、制件性能等方面发生了根本性转变，被认为是制造技术的一次革命性突破。一方面，基于逐点熔凝、分层制造的工艺特征，增材制造可以实现三维复杂结构零件的快速制造；另一方面，由于其固化过程快速非平衡，增材制造有望实现材料的高性能化，进而推动材料技术的发展。在复杂结构快速制造方面，通过拓扑优化方法对零件进行多目标优化，使应力分布更均匀，刚度、强度性能更优，可满足多种工况条件下不同的应力、刚度等要求。增材制造技术在典型复杂结构，如复杂曲面结构、一体化结构、功能梯度材料、陶瓷材料等高性能材料方面的成形制造中，具有巨大的技术优势及良好的应用前景。本书分析了目前增材制造在复杂结构和高性能材料方面所面临的困难与解决途径，并以功能化构件——人工义齿为例，详细介绍了增材制造在功能化构件方面的具体应用。

1.2 课题研究的背景及意义

当前，世界卫生组织（World Health Organization，WHO）将龋齿列为三大重点防治疾病之一，认为它对人类健康的影响仅次于心脑血管病和癌症，可见口腔、牙齿对于人类健康是何等重要。2017 年 9 月 20 日国家卫计委发布的《第四次全国口腔健康流行病学抽样调查结果》[1]显示：5 岁儿童乳牙龋病的患病率为 70.9%，12 岁儿童恒牙龋病的患病率为 34.5%，农村高于城市，儿童患龋情况已呈现上升态势。龋齿和牙周炎的发展会导致牙齿缺失，而治疗这些病症的有效手段是进行牙科修复，可见我国牙科修复的市场极为庞大。

缺损的牙体如果得不到及时救治和修复，就将进一步影响口腔其他牙齿，引发进一步的龋坏、松动，并且严重影响美观。随着人们生活水平的不断提高，牙齿健康也将越来越受到人们的关注。对于牙体缺损，临床上通常采用修复体进行修复[2-7]。随着生活水平进一步提高及保健意识持续增强，人们对有益于健康、环保、节能等功能化制品的需求也日趋迫切[8-10]。

功能化生物制品是指除满足其应用领域所必需的基本性能外，还有益于人体健康的生物制品。义齿（人工牙齿）也是一种生物制品，国际上对义齿修复的研究方兴未艾，而国内的研究尚处于较低水平。但无论国内还是国外，对义齿材料的研究仅停留在生物制品所需的力学性能、生物相容性等基本特性[11-17]，未能对有益于人体健康的功能化义齿展开系统、深入的研究。而功能化义齿材料含有特殊的功能化活性组分，有别于常规的义齿材料，在材料组分设计、成形工艺、成形设备等方面涌现了一系列崭新的课题，研究广泛且涉及多领域、交叉学科。

《国家中长期科学和技术发展规划纲要（2006—2020）》[18]的指导方针、发展目标和总体部署中提出：加强基础科学和前沿技术研究，特别是交叉学科的研究。基础学科之间、基础学科与应用学科、科学与技术、自然科学与人文社会科学的交叉与融合，往往会促进重大科学发现和新兴学科的产生，是科学研究中最活跃的部分之一，要给予高度关注和重点部署。《国家自然科学基金"十一五"发展规划》[19]的总体发展目标与战略中提到的首条实施战略为源头创新战略。具体内容为：把握科学前沿和国家战略需求，完善学科布局，推动学科交叉，加强关键科学领域的前瞻性部署，培育原始创新，促进集成创新，构筑支撑科技、经济和社会发展的知识平台。

不同学科领域的交叉融合是当代科学技术发展的显著特征，许多经济、社会发展中的重大科学问题的解决也充分显示出这种融会贯通、综合交叉的发展趋势。

本书便是在这样的背景下提出的，并得到国家自然科学基金和河北省自然科学基金的资助。本书将功能化义齿的概念引入牙齿修复领域，综合运用材料物理与化学、材料加工、机械制造及其自动化等多个学科领域的理论知识，对有益于人体健康的功能化义齿的个性化定制理论和方法进行系统、深入的研究。该领域的研究成果不仅填补了国内空白，还将指引功能化义齿修复研究的新方向，因此具有重要的理论研究意义和实际应用价值。

1.3　国内外研究现状及分析

牙齿修复由来已久，在公元前 700 年出现了义齿（即人工牙齿），那时希腊人用金属丝将义齿固定在相邻牙齿上，但在一定意义上这只是为了美观。随着时间流逝，1710 年德国萨克森的 Meissen 专门研究了瓷，确定了硬瓷的生产配方，为外形美观且具有咀嚼功能的义齿的制作提供了条件，因为瓷是白色的且抗磨损，并可在非熔融状态铸模成形。1774 年，法国的 Duchateau 首次尝试用瓷材料制作义齿，对义齿制造业的发展具有里程碑意义。在随后的几十年里，义齿的颜色逐渐发展为透明，并开始具有牙齿的色泽和个性化的外形，瓷牙的工业化生产大致开始于1900 年。牙齿修复技术及其发展历史相关内容详见参考文献 [20]。

1.3.1 义齿制作工艺及方法研究现状

1. 传统制作工艺

牙科修复体制作成形工艺不同于工业领域的一般加工方法，由于牙科修复体对于不同患者及同一患者的不同部位，在尺寸、形状、色彩等方面都各不相同，所以每个牙科修复体都是根据其个性化特点单独制造出来的。传统的陶瓷牙科修复体成形加工一般有三种方法[21]——金属箔焊接法、铸造法、加压注入成形法。这三种成形方法的制作过程一般包括取印模、灌注模型、修复体设计、制作腊型、包埋、铸造或装盒和热处理等多项工序，虽然这些方法对技术要求不高，但其制作工序烦琐、制作时间长，并不能满足临床一次性就诊的要求。

2. 牙齿修复 CAD/CAM

计算机辅助设计（Computer Aided Design，CAD）和计算机辅助制造（Computer Aided Manufacture，CAM）技术简称 CAD/CAM。20 世纪 70 年代初期，法国牙医 Duret[7] 将工业领域中最先进的 CAD/CAM 的概念和方法引入齿科修复体的设计与制造，于 1983 年成功研制了世界上第一套牙齿修复 CAD/CAM 系统，并于 1985 年法国国际牙医学术会议上制作出了第一颗 CAD/CAM 陶瓷牙冠。1986 年世界上第一台商品化牙齿修复 CAD/CAM 系统——德国西诺德牙科设备公司（前身为西门子牙科）研制的 CEREC（瓷睿刻）面世，从此开创了以计算机技术为支撑的数字化口腔修复时代，义齿的自动化制作也成为现实，极大地提高了工作效率。1988 年 CAD/CAM 义齿制作设备迈向商品化。近些年这类系统更是发展迅速，下面简要介绍一下国内外 CAD/CAM 修复系统的研究现状[7]。

CEREC 系统在技术上比较成熟，且商业化程度最高。它通过一个特制的三维口腔摄像机，用光学形态扫描的方法来取得"印模"，再将数据输入 CAD 系统。而其修复体的制作是通过一个三维数控微型铣床来完成的。在一个支架上安装三个平移工作台，提供针对 X、Y、Z 轴位置的控制。每个工作台都由一部电动机通过导向螺杆操纵其进退，整个铣床由微电脑控制，在 Y 轴工作台上有一台高速涡轮机带动金刚砂刀具进行车削和研磨。

北京大学口腔医学院吕培军等人[22,23]初步开发出了我国第一个具有自主知识产权的、用于口腔修复体制作（冠、桥、嵌体和贴面）的 CAD/CAM 实验系统。该口腔修复 CAD/CAM 系统，利用三维激光扫描仪获取牙冠模型的数据信息，并以 MATLAB 格式保存为可编辑数据，从而进行数据处理，建立了标准的三维模型及相应的数据库。天津医科大学口腔医院通过采用机械式采集技术获得的三维点云数据，经过计算机处理，建立了牙冠几何模型的数据库。

天津大学殷玲课题组[24-27]针对牙科临床用高速磨头（High-Speed Clinical Handpieces）修复生物齿科陶瓷过程中的关键科学问题进行了研究。先后发明了二维和三维口腔调磨修复物理仿真体外模拟装置，突破了国外相关研究装置一维准静态的局限。首次对高速磨头临床使用性能参数进行了动态测试与评价，并针对各种新型生物牙科材料及人牙组织进行了体外口腔修复的表面完整性及去除机理研究，定量提出了高效、精细的口腔修复临界牙科手术参数。利用有限元数字模拟技术，提出了牙科修复体亚表面损伤的预测模型，能够定量识别口腔修复参数对于牙科修复体造成的损伤深度，且与实验结果基本吻合。基于人工智能技术，提出了口腔修复手术参数的优化方法，针对不同的口腔修复手术要求，建立牙科用高速磨头的最佳临床应用条件，为牙科医生临床操作提供了重要的科学依据[28]。

1.3.2 义齿材料研究现状

义齿材料作为一种医用生物材料，除了要满足咀嚼功能的要求，还要能够在口腔唾液等复杂潮湿的生物化学条件下，经受得住温度和 pH 值的频繁变化，其工作环境的相关参数[29]见表 1.1。因此，义齿不仅要具有良好的力学性能和易于加工、制作的特点，还必须具有良好的生物相容性和化学稳定性。

表 1.1 口腔内环境

咀嚼力/N	6~130
最大受力/N	200~800
每天咀嚼次数	1000~1400
温度/℃	65
pH 值	0.5~8.0

目前用于口腔临床修复的材料主要有陶瓷、金属和复合树脂这三大类。陶瓷材料具有优良的光传播和光反射性能，可以再现牙齿的自然外观，并且具有良好的生物相容性和化学稳定性；缺点主要就是脆性大，力学性能有待提高。为解决这一难题，国内外相关研究机构投入了大量的人力、物力，并已经成功开发出多种可用于口腔临床的牙科陶瓷，主

要包括长石瓷、玻璃陶瓷、氧化铝陶瓷和氧化锆陶瓷。下面对这几类陶瓷进行简要介绍。

1. 长石瓷

齿科长石瓷主要原料为钠长石和钾长石，它实质是一种硼硅长石基玻璃，在玻璃中含有分散的结晶成分。目前商品化的牙科可切削长石瓷是由德国 VITA 公司开发的 VITA Mark Ⅱ，其玻璃基中含有 30% 不规则晶体颗粒，尺寸在 1~7μm 之间[30]，主要结晶相含有透长石、霞石和钙长石。VITA Mark Ⅱ长石瓷在抗拉强度及抗磨损性等方面具有与牙釉质相似的物理特性，并具有较好的光泽，因此被广泛用于前牙贴面和后牙嵌体的制作。但这类陶瓷抗压强度不足，所以很少用于后牙冠的修复[31]。

2. 玻璃陶瓷

玻璃陶瓷是通过玻璃的受控结晶制成的多晶体。这类陶瓷是主相为晶体，并含有少量的玻璃相的无孔复合体。一类重要的玻璃陶瓷为云母基微晶玻璃。这类玻璃陶瓷中含有云母晶体，因云母晶体有片状结构，所以其具有良好的解理性和可切削性，但强度不够高[31]。白榴石基玻璃陶瓷也是一类微晶玻璃陶瓷。目前，Ivoclar 公司开发的 ProCAD 产品就是一种已应用于临床的白榴石基增强玻璃陶瓷，其抗弯强度大约 130MPa，高于 VITA Mark Ⅱ长石瓷[32]。

3. 氧化铝陶瓷

氧化铝陶瓷是在玻璃基质中分散一定比例的氧化铝结晶而制成的陶瓷，属于高强度陶瓷，它的出现使后牙的 CAD/CAM 全瓷冠及全瓷固定桥修复成为可能。切削氧化铝陶瓷多为玻璃渗透陶瓷，即熔融的玻璃基通过毛细管的作用逐步渗透到由多孔氧化铝制成的网状孔隙中，从而形成一个氧化铝和玻璃相连续交织、相互渗透的高强度陶瓷[33]。VITA 公司开发的 VITA In-ceram Alumina 陶瓷就是一种商品化的可切削玻璃渗透氧化铝陶瓷，该产品含有高纯度的氧化铝颗粒，其直径在 $2\sim5\mu m$ 之间[34]。

4. 氧化锆陶瓷

氧化锆陶瓷也属于高强度陶瓷，有陶瓷钢的美誉，它是以斜锆石（ZrO_2）和锆英石（ZrO_2-SiO_2）为主料通过成形烧结等一系列工艺制成的瓷制品。在口腔修复领域，多采用以氧化钇作为稳定剂的四方氧化锆（Y-TZP）多晶陶瓷，颗粒大小为数百纳米，由于微结构的改变，其强度和断裂韧性都高于前述的氧化铝陶瓷[35]。然而，氧化锆陶瓷的硬度大，切削性能较差，故难于加工。

北京大学工学院陈海峰研究员[36-38]针对牙釉质再生问题，在国际上率先提出并开展了牙釉质微结构的化学合成工作。牙釉质位于牙齿的最外层，是人体最硬的矿化组织。不同于牙本质或骨等其他矿化组织，成熟的牙釉质中没有活细胞，它的主要化学成分（体积分数在 95% 以上）是磷灰石纳米棒和少量的有机基质。这些纳米棒高度有序地紧密排列在一起形成釉质所特有的釉柱结构（Enamel Prism），赋予釉质优异的力学性能和抗磨损性能。不同于人体的其他组织，由于缺乏活细胞修复，对于釉质受损后再生的研究一直是科学界的难题。陈海峰[37]研究小组首次不使用蛋白质和成釉细胞，而是在人体近生理条件下实现了人牙表面牙釉质的直接化学再生，所再生的人工牙釉质具有天然牙釉质的微结构和类似的力学性能，为该成果真正走向临床应用提供了可能性。

1.3.3 功能化义齿

随着现代社会经济、科学与技术的迅猛发展，人们的生活水平不断提高，保健意识必将持续增强，仅具有良好力学性能、物化特性、生物相容性、美学特性等基本性能的义齿已不能满足人们对美好生活的更高追求，对具有有益于人体健康的功能化义齿的需求亦将日趋迫切。

1. 功能化义齿概念

功能化义齿（Functionalized Artificial Tooth）是指除满足其特定口腔环境所需的力学性能、物化性能、生物相容性、美学特性等基本性能外，还有益于人体健康的人工牙齿。义齿的功能化是在其他性能均满足要求的前提下，赋予目前广泛使用的传统义齿特有的保健等功能的过程，属于更高层次的功能。义齿的功能化主要通过功能化材料来实现。

功能化义齿材料可以通过自清洁[39,40]、抗菌防龋[41]、释放负离子[8,10]、辐射远红外线[42]等方式来改善口腔微环境，达到保健和促进人体健康的目的。其中，红外功能化义齿通过辐射特定波段的远红外线，改善机体血液微循环、活化体内水分子，最终促进人体的健康[43-46]。红外线与人体作用属于非接触式，非接触式的作用方式在今后的实际应用中将具有更多的优势。

2. 红外功能化义齿的原理

红外线属于电磁波的范畴，由英国科学家赫歇尔于 1800 年发现，又称为红外热辐射（Infrared Radiation），也称为远红外发射性。不同的学科领域对红外线的划分不太一致，按工业领域的分类方法：近红外线的波长在 $0.75 \sim 2.5 \mu m$ 之间；远红外线的波长在 $2.5 \sim 1000 \mu m$ 之间。

凡温度高于绝对温度的物体均能发射红外线，物体的红外辐射能力用辐射率 ε 来表示，可表达为

$$\varepsilon = \frac{M}{M_b} \tag{1.1}$$

式中，M 表示物体的辐出度；M_b 表示黑体的辐出度。

式（1.1）反映了物体相对于黑体辐射能力的大小。所谓黑体是一个发射率（或吸收率）为 1 的理想物体，而其他所有具有一定温度的红外

辐射物体与理想黑体的比辐射率都小于 1。物体的辐射率与材料的种类、结构、物理与化学性质及温度有关。除黑体和灰体外，辐射率还与发射波长有关，物体的红外辐射还遵循斯特藩-波尔兹曼定律、普朗克定律、维恩位移定律和基尔霍夫定律。

几十年前，航天科学家对处于真空、失重、超低温、过负荷状态的宇宙飞船内的人类生存条件进行调查研究发现：太阳光中波长为 $8 \sim 14 \mu m$ 的电磁波是生物生存必不可少的因素。因此，这一段波的电磁波又称为"生命光波"。处在这一波段内的电磁波与人体发射出来的远红外线的波长相近，能与生物体内细胞的水分子产生有效的"共振"，提高了水分子的渗透性能，可有效地促进动植物的生长[43,45,47]。

红外线的发射是由于分子振动能级的跃迁（同时伴随着转动能级跃迁）造成的。而物质吸收电磁波应满足两个条件：第一是辐射电磁波时应具有刚好能满足物质跃迁所需的能量；第二是辐射与物质之间有偶合（Coupling）作用。物质吸收电磁波的实质是外界辐射能量迁移到分子中，而这种能量的转移通过偶极矩（Dipole Moment）的变化来实现。只有辐射频率与偶极子频率匹配时，分子才与辐射振动偶合而增加其振动能级。产生远红外线的方法主要是选择在常温能够发射特定波长远红外线的材料，然后将其加工制造成各种形式、各种用途的产品。

1.3.4 本领域存在的主要问题

近年来，国内外在牙齿修复方面开展了广泛的研究，并取得了建设性的成果。国内四川大学、北京大学、天津大学、浙江大学、北京航空航天大学、中国人民解放军第四军医大学、中国科学院过程工程研究所等高等院校和研究院所先后开展了牙齿修复方面的研究开发，并取得了可喜的成果。与国内研究相比，欧美国家相关研究的开展起步早、经费投入多，处于世界领先水平。

但无论国内还是国外，对牙科材料的研究仅停留在牙科材料所需的力学性能、物理化学性能、生物相容性、美学特性等基本的特性，未能对有益于人体健康的功能化义齿材料展开系统而深入的研究。在义齿的成形工艺及方法方面，基于减法成形的义齿修复 CAD/CAM 技术，本质上是刀具与陶瓷修复体相互作用的过程，并且由于个性化的义齿外形具有复杂的自由曲面，在加工硬度高、脆性大的超硬陶瓷齿科材料时，不仅难于加工、耗时长，而且在加工过程中还极易在修复体表面及亚表面造成不同程度的微裂纹和微破坏，直接降低了陶瓷修复体的强度，最终会导致其临床过早失效。基于加法成形的 CAD/CAM 技术，在加工具有复杂的自由曲面的个性化的陶瓷义齿方面具有高度的柔性，可以避免表面及亚表面的微损伤。但迄今为止，并未见采用基于加法成形的 CAD/CAM 技术，将功能化义齿材料通过数字化设计并直接制造出有益于人体健康的功能化义齿的相关报道。

第 2 章

功能化构件的数字化设计方法研究

2.1 引言

牙齿作为一种独特的生物组织，不仅具有个性化的几何外形，而且牙齿内部还呈现一种复杂的非均质结构。如何从仿生学的角度将具有个性化的功能化义齿通过数字化技术制造出来，首先面临的科学问题就是非均质构件内不同组分材料的定量分布问题。针对此类科学问题，本书将拓扑优化思想引入非均质构件的设计领域，在确定的个性化几何外形的约束下，通过拓扑优化理论来优化构件内不同材料组分的空间分布方式和分布量，实现实际服役条件下非均质构件材料组分的个性化定制，以期在确定的几何外形下实现构件内部各种不同材料组分的个性化分布，突破以往人为给定的解析函数对材料组分分布的限制；并以功能化金属烤瓷牙的材料组分拓扑优化为例，说明非均质功能化构件个性化拓扑优化理论和方法的有效性。

2.2　非均质构件的拓扑优化理论

目前非均质构件中的材料组分分布方式比较单一，主要呈简单的梯度分布。事实上，在多数情况下，构件各部分的实际服役条件并不完全相同，这就要求在构件的不同部位有不同性能的材料与之相适应。此外，有关非均质材料实体的设计方法，控制其材料分布的梯度函数大多数是人为给定的，过分依赖于设计者的经验知识，这在很大程度上降低了构件模型设计的准确性，制约了非均质构件的发展和应用。因此，很有必要对非均质构件的定制理论和方法进行深入研究。

2.2.1　非均质拓扑优化理论的提出

拓扑优化（Topology Optimization）是在尺寸优化、形状优化之后出现的一种新的工程结构优化方法，其主要思想是将寻求结构最优拓扑问题转化为在给定的设计区域内寻求最优材料分布的问题，目前主要用于进行桁架结构的优化。比较成熟的连续拓扑优化方法有变密度法、均匀化法等。由于它们可将 0-1 离散变量的优化问题转变为一个 [0,1] 之间取值的连续变量的优化问题，因此完全可以将其引入到非均质构件的材料组分分布的优化设计中，与有限单元法相结合，设计出满足实际服役条件的具有最佳材料组分分布的复杂非均质功能构件。

非均质构件设计的本质是对材料信息和几何信息的复合设计，其最终目的是在满足使用要求的前提下，得到多种不同性能综合最优的非均质构件。有别于传统构件的设计，非均质构件设计不仅要求包含几何拓扑信息，同时要求包含材料信息。

非均质构件拓扑定制的基本思想：在不改变功能化构件几何拓扑关

系的情况下，通过合理改变构件材料组分分布来优化构件性能，进而满足实际服役条件对性能的要求，突破以往人为给定的解析函数对材料组分分布的限制。

其设计过程包括根据均质材料的性能参数预测非均质材料的性能参数，然后以物理场中非均质构件的性能表现为依据，对非均质构件的材料组分进行拓扑优化设计，即材料组分拓扑优化（Materials Volume Fraction Topology Optimization，MVFTO），有别于形状拓扑优化和尺寸拓扑优化。

2.2.2 拓扑优化的均匀化方法

在非均质构件拓扑优化中，引入微结构的概念，将构件拓扑优化设计问题转化为材料微结构设计问题，通过拓扑优化微结构设计参数来实现多种性能的融合。

在优化设计过程中，首先假设非均质构件的材料是由周期排列的微结构组成的；其次，在满足基本性能要求的前提下，设计微结构的参数，以达到材料组分拓扑变更的目的。非均质构件的拓扑设计主要是基于拓扑优化均匀化方法。用不同材料复合的微结构单胞构造设计区域，将非均质构件的拓扑优化问题转化为材料在一定区域内的优化分布问题。同时，因为微结构的尺寸是固定的，故而保证了设计区域的几何拓扑关系不变。

2.2.3 非均质构件材料的物理性能预测

最简单的微观力学模型是基于 Voight 等应变假设及基于 Reuss 等应力假设而得到的混合率[48,49]。基于 Voight 假设的线性模型可表示为

$$P = P_A f_A + P_B f_B \tag{2.1}$$

式中，P 为材料性质；f 为体积分数；下标 A 和 B 分别代表各组分材料。
基于 Reuss 假设的线性模型为

$$P = \left(\frac{f_A}{P_A} + \frac{f_B}{P_B} \right)^{-1} \tag{2.2}$$

这两种方法比较简单，且使用方便，因此在功能梯度材料中应用比较广泛，也是本书将主要介绍的方法。

2.3　非均质构件材料组分拓扑优化

金属烤瓷牙一般包括金属基底和陶瓷熔附层，在其实际服役和制造过程中，不同材料产生的热应力会大大影响产品质量，最终降低义齿的使用寿命。因此采用本书提出的方法是模拟义齿在口腔中的实际受热情况，优化功能化陶瓷材料和钛合金（牌号 TC4，名义化学成分 Ti-6Al-4V）的材料组分分布，为其数字化设计与制造提供理论依据。

2.3.1　优化步骤及流程

首先，确定非均质义齿材料组分拓扑优化问题的设计变量、目标函数，以及目标函数和约束函数对于设计变量的导数信息；然后采用 MATLAB 编写合适的优化程序，实现对义齿材料组分分布的最优化；最后，以二维矩形区域的热应力分布均匀化为目标，对材料组分分布进行拓扑优化，以此验证算法和程序的有效性。非均质义齿拓扑优化程序流程图如图 2.1 所示。

2.3.2　功能化金属烤瓷牙热应力及材料组分同步拓扑优化

选用功能化金属烤瓷牙侧立面 100mm×50mm 的矩形为设计区域，

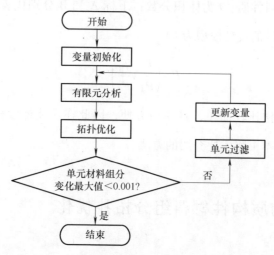

图 2.1　非均质义齿拓扑优化程序流程图

如图 2.2、图 2.3 所示。其中下部代表牙根面，温度为体温 36.5℃；上部代表咬合面，温度为 20℃；左右两侧代表唇侧和舌侧，温度为 60℃。假设热对流系数 $h = 180\text{W/m}^2 \cdot \text{K}$，惩罚因子为 3.0，网格过滤半径为 1.2。

　　功能化金属烤瓷牙由功能化陶瓷材料（详见第 4 章）与钛合金（TC4）复合而成。表 2.1 列出了功能化陶瓷材料和钛合金（TC4）的热力学性能。

表 2.1　功能化陶瓷材料和钛合金的热力学性能

材料	E/GPa	ν	α/℃$^{-1}$	K/[W/(m·K)]	σ_{bt}/MPa	σ_{bc}/MPa
TC4	73	0.33	2.3×10^{-6}	154	485	485
功能化陶瓷	300	0.25	3.0×10^{-6}	15	700	1600

　　图 2.2 所示为矩形区域内热应力分布情况。由于咬合面与牙根面之间存在温差，唇侧和舌侧又受到外界高温的影响，而且还有不改变几何外形的设计要求，因此在非均质义齿内部因材料热膨胀系数不同便会产生热应力。图 2.2 所示红色表示应力值较大，蓝色表示热应力值较小，单位

为 Pa；矩形区域长宽方向长度单位为 mm。

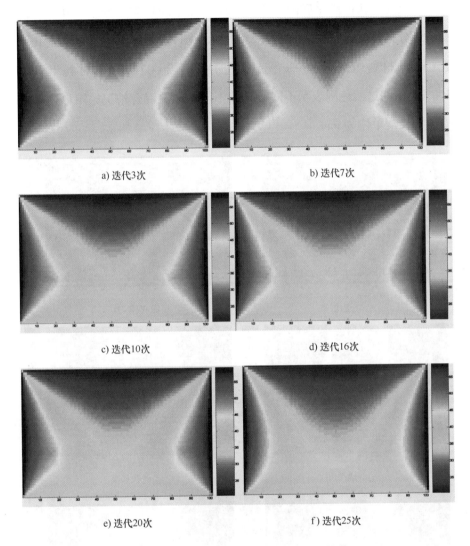

a) 迭代3次

b) 迭代7次

c) 迭代10次

d) 迭代16次

e) 迭代20次

f) 迭代25次

图 2.2 功能化金属烤瓷牙热应力拓扑优化

如图 2.2 所示，还可以看出，在迭代初期，由于唇侧和舌侧的温度较高，两侧显示出明显的热应力集中区域，并且边界棱角明显，如图 2.2 中红色区域所示；随着迭代次数的增加，红色热应力集中区域的面积逐渐减少，棱角最终也缓和为圆角，从而在最大程度上减少了因温度分布不均匀所引起的热应力。

由此可知，随着材料组分分布的迭代优化，热应力值也逐渐趋于均匀化。至此已获得优化后的功能化金属烤瓷牙的热应力分布，其相应的材料组分拓扑优化分布情况如图 2.3 所示。图 2.3 所示红色表示功能化陶瓷材料的材料组分为 100%，蓝色表示钛合金（TC4）的材料组分为 100%，中间过渡色则表示不同材料按不同比例的混合情况；矩形区域长宽方向长度单位为 mm。

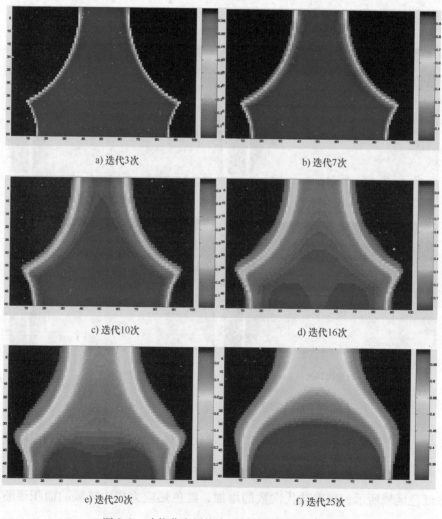

a) 迭代3次　　　　　　　　　　b) 迭代7次

c) 迭代10次　　　　　　　　　　d) 迭代16次

e) 迭代20次　　　　　　　　　　f) 迭代25次

图 2.3　功能化金属烤瓷牙材料组分拓扑优化

如图 2.3 所示，可以看出，随着迭代次数增加，功能化陶瓷材料和钛合金（TC4）之间的过渡区域逐渐增大，并且过渡区域边界也逐渐平滑，与图 2.2 所示的结果基本一致。这种材料分布方式消除了异质结合的明显界面，从而最大程度上减少了因材料热物性参数不同所引起的热应力，优化了功能化陶瓷材料与钛合金（TC4）的材料组分分布，为功能化金属烤瓷牙的数字化设计与制造奠定了理论依据。

对于复杂非均质义齿的数字化制造，可以采用三维微喷技术，通过配制不同材料的"墨水"，利用半色调技术，快速制造材料组分可任意分布的复杂非均质义齿。图 2.4 所示为经过材料信息分离的功能化金属烤瓷牙的二值化材料信息层片数据其中图 2.4a 所示为功能化陶瓷的层片数据，图 2.4b 所示为钛合金的层片数据。代表不同材料信息的文件可以直接输入三维喷墨打印设备驱动喷头工作，来完成非均质义齿的单层成形，然后通过层层沉积，最终完成功能化金属烤瓷牙的三维喷墨打印成形制造。

a) 功能化陶瓷层片数据　　　　　　　　　b) 钛合金层片数据

图 2.4　功能化金属烤瓷牙不同材料的二值化层片信息

2.4　小结

针对非均质义齿不同组分材料的定量分布的科学问题，本书提出一种非均质功能化构件的拓扑优化设计方法，并以功能化金属烤瓷牙的材料组分拓扑优化为例，说明了非均质功能化构件拓扑优化理论和方法的有效性，为非均质功能化构件的数字化设计与制造提供了理论依据。

第 3 章

功能化构件的快速制造方法研究

3.1 引言

作者课题组提出了基于微流挤压成形原理的选择性浆料挤压沉积（Selective Slurry Extrusion Deposition，SSED）快速成形工艺，其中的选择性是指对材料及其空间位置的选择，所用材料可以是一种、两种甚至多种材料。SSED 既可用于均质材料义齿的制造，也可用于梯度材料义齿的制造。由于此工艺在均质材料义齿制造方面更具优势，因此本章将主要针对均质双材料义齿的快速制造，详细地介绍 SSED 系统的工艺流程及软硬件；针对 SSED 工艺在制造非均质材料义齿中存在的不足，提出一种全新的非均质材料实体的快速制造方法，并对其工艺原理、关键技术及装备进行详细阐述，旨在为其进一步研发奠定坚实的基础。

3.2 功能化义齿的快速制造工艺流程

选择性浆料挤压沉积（SSED）是一种基于微流挤压成形原理的计算机辅助无模数字化制造技术，它是主要针对微型陶瓷器件的制造而开发的快速制造方法，其基于离散/堆积成形原理，属于快速成形技术的一种。SSED 的特点是可用材料范围广，并可直接制造功能构件。功能化义齿的制造即采用该技术，其制造工艺流程图如图 3.1 所示。

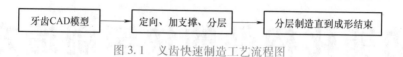

图 3.1　义齿快速制造工艺流程图

首先将牙齿的三维 CAD 模型沿某一方向以等厚或自适应的方式进行分层离散，得到一系列有序的截面轮廓数据；然后根据工艺要求，通过合理的工艺规划，生成控制成形喷头运动的数控代码；之后，成形喷头在计算机的控制下，沿着指定的运动轨迹，选择性地将配制好的功能化陶瓷浆料挤出喷嘴，并与相邻层自然连接，形成特定形状的陶瓷层片。如此循环往复，直至所有的截面轮廓加工完毕，即可得到功能化的陶瓷义齿。

3.3　快速制造系统的组成及原理

3.3.1　快速制造系统的总体设计

根据均质义齿成形工艺原理的需要构建可实现工艺过程的快速制造系统。快速制造系统主要包括机械系统、数控系统和软件系统。

首先，以义齿快速成形工艺原理为基础，对基本工艺流程进行分解，可以得到成形过程的各个子过程及相应的运动控制信息；根据运动控制信息可以设计出实现基本运动的控制系统类型及软硬件结构；然后，在控制系统确定的条件下建立执行信息的机械系统。这是设计开发义齿的快速制造系统的总体思路和基本流程。自上而下，可将整个系统分为四个层次，最高层为工艺原理层，其次是信息处理层（也是软件系统层），之后是数控系统层，最底层是机械系统层[50-52]，如图 3.2 所示。信息处理过程是为成形过程准备好相应的控制程序（数控代码）文件；成形过程则是利用信息处理过程所生成的数控代码，驱动成形设备，完成功能化义齿的数字化制造。

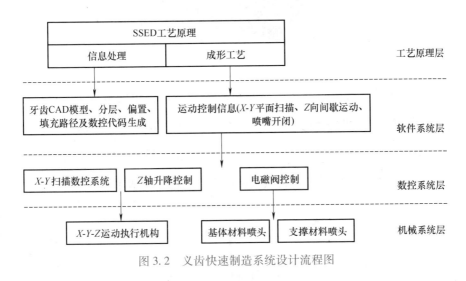

图 3.2　义齿快速制造系统设计流程图

3.3.2　快速制造系统的机械系统

机械系统设计的最终目的是为了满足义齿快速成形工艺的特点需求，而且在设计过程中还需保证运动的合理性、经济性和美观性。

根据义齿快速成形工艺的特定要求，以及运行的合理性、经济性和美观性，确定了一套简单可行的方案：采用龙门式结构作为运动平台主框架，X 向传动机构（伺服电动机和精密线性模组）通过底板固定在龙门支架上，Z 向传动机构通过转接板固定在 X 向精密线性模组的滑块上，Y 向传动机构直接固定在底板上。三轴运动平台的 CAD 装配模型如图 3.3 所示。

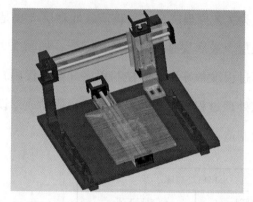

图 3.3　三轴运动平台的 CAD 装配模型

三轴运动平台中微流挤压头安装在 Z 向线性模组的滑块上，可以沿 X、Z 向移动，成形平台安装在 Y 向线性模组的滑块上，可以沿 Y 向移动。通过微流挤压头与成形平台的运动配合完成 XYZ 三维扫描运动，最终实现义齿的三维成形。浆料微流挤压系统如图 3.4 所示。

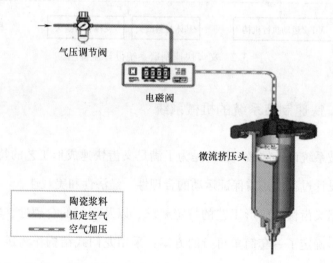

图 3.4　浆料微流挤压系统

3.3.3　快速制造系统的数控系统

数控系统采用"NC（Numerical Control，数控）嵌入 PC（Personal

Computer，个人计算机）"型的开放式数控系统，数控卡插在工控机的扩展槽中。这种方式的优点在于：直接用 PC 插槽，相当于并行方式，主机的资源得以充分利用，运行速度得到提高；各个分系统尽量利用现成的先进设备，运行更可靠，可以更好地实现系统集成，并使系统达到总体性能最优；能充分保证系统性能，软件的通用性强，成本低，而且编程处理灵活[53]。

该数控系统主要包括两部分——*XYZ* 三轴扫描运动的控制和两个开关量的控制。图 3.5 所示为义齿快速制造的数控系统示意图。

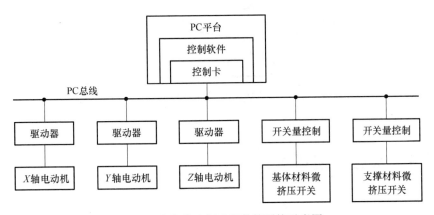

图 3.5 义齿快速制造的数控系统示意图

3.3.4 快速制造系统的软件系统

在快速成形领域中，STL 文件是最通用的 CAD 与快速制造系统软件的接口文件标准。STL 格式的模型是通过对 CAD 实体模型或曲面模型进行表面三角形化离散而得到的。在成形过程中需要先对 STL 格式的 CAD 模型进行定向、加支撑和分层处理，然后分层转变成 CLI 格式文件作为数据处理软件与成形机控制软件的接口形式。因此义齿快速制造系统的软件系统可分为数据处理模块和成形机控制模块。义齿快速制造的软件系统工作流程图如图 3.6 所示。

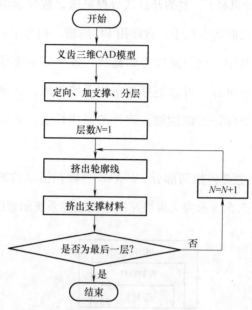

图 3.6　义齿快速制造的软件系统工作流程图

3.4　快速制造系统开发

3.4.1　机械系统的开发

　　根据上节对机械系统进行设计所确定的方案，采用龙门式结构作为运动平台主框架，X 向传动机构（伺服电动机和精密线性模组）通过底板固定在龙门支架上，Z 向传动机构通过转接板固定在 X 向精密线性模组的滑块上，Y 向传动机构直接固定在底板上。三轴运动平台实物如图 3.7 所示。三轴运动平台中微流挤压头（图 3.8）安装在 Z 向线性模组的滑块上，可以沿 X、Z 方向移动，成形平台安装在 Y 向线性模组的滑块上，沿 Y 向移动。由于该系统对成形精度要求较高，故设计时应考虑到各方向基准面的选取，保证机械结构的垂直度及平行度，以便最大程度地减小机械误差。

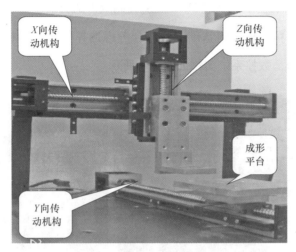

图 3.7　三轴运动平台实物照片

图 3.8　微流挤压头实物照片

3.4.2　数控系统的开发

本书的开放式数控系统采用了"PC+运动控制器"的 NC 嵌入 PC 型结构形式，以普通 PC 作为主控计算机，控制器选用 PMAC（Programmable Multi-Axis Controller，可编程多轴控制器），采用"脉冲+方向"的输出模式。PC 与 PMAC 采用 RS232 串口通信，通过 PMAC 接口连接伺服单元和 I/O 单元，从而达到 PC 与 PMAC 主从控制成形的目的[53]。

在保证高精度特性的基础上，综合考虑选择伺服电动机搭建半闭环控制系统结构，数控系统实物如图 3.9 所示。

图 3.9　义齿快速制造系统的数控系统实物照片

3.4.3　软件系统的开发

软件系统是在 Windows VC++ 6.0 平台上创建的一个基于 MFC 的单文档应用程序。在 Delta Tau 公司提供的 PComm32. dll 动态链接库的基础上，上位机与下位机建立好通信平台。利用面向对象的编程思想，以多级基本动态链接库菜单为主体，辅以对话框、工具栏、快捷键等交互方式，依据需要定制良好的人机交互界面（图 3.10），根据要求开发出相应的功能模块，主要包括信息处理模块和成形机驱动模块。

1. 信息处理模块

依据上一节的功能需求分析，对信息处理模块的整体结构进行了设计，其内部结构也是模块化的，整个模块主要由层厚生成、直接分层、层片数据处理与扫描路径规划、层片显示等几大部分组成。此外该程序还能够实现 CLI 文件（直线表示层片轮廓）和 CLA 文件（直线圆弧表示层片轮廓）的输入/输出功能。

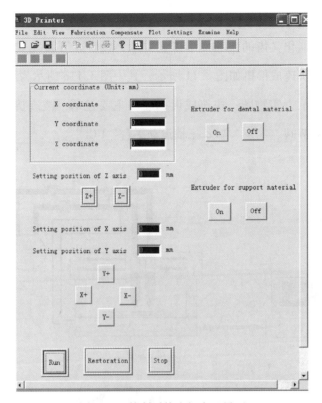

图 3.10　控制系统人机交互界面

2. 成形机驱动模块

成形机驱动模块用于自动生成 PMAC 运动控制卡的运动程序。在数控加工程序的编制过程中，它将标准的 CLI 文件进行编译，选择合适的数控参数，根据 PMAC 运动程序的语法及语言规则，生成由 PMAC 的数控语言构成的运动程序，作为下位机的运动控制程序。上位机 PC 的控制软件将 CLA 文件转化为下位机数控卡可以执行的 NC 代码。

在以 PMAC 运动控制卡为核心的数控系统中，PMAC 运动控制卡控制着整个数控系统的启停和运动。PMAC 通过接收 PC 主机传来的数据，将其编译后控制运动系统进行工作。

3.4.4 快速制造系统可用性验证

根据功能化义齿的快速成形工艺要求,设计、开发完成的一种选择性浆料挤压快速成形机如图 3.11 所示,其中图 3.11a 所示为结构示意图,图 3.11b 所示为实物图。快速成形机硬件主要包括:微流挤压头、电磁阀、气压调节阀、气泵、XYZ 三轴运动平台、PC[54]。

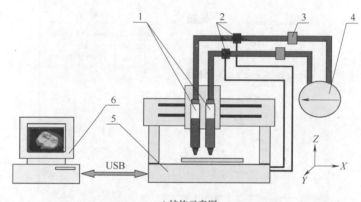

a) 结构示意图

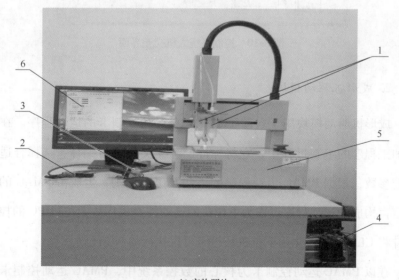

b) 实物照片

图 3.11 功能化义齿快速成形机

1—微流挤压头 2—电磁阀 3—气压调节阀 4—气泵 5—XYZ 三轴运动平台 6—PC

　　现以外形简单的"金字塔"（四棱锥）的制造过程为例来验证快速成形机的可用性，如图 3.12 所示。

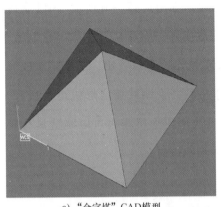

a)"金字塔"CAD模型

b) 第一层扫描信息

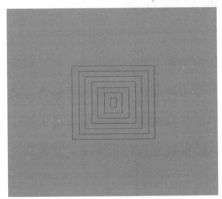

c) 中间层扫描信息

d) 最后一层扫描信息

e) 制造过程中的第一层

f) 制造完成的陶瓷"金字塔"

图 3.12　"金字塔"的数字化制造过程

首先将 STL 文件中的金字塔 CAD 模型（图 3.12a）导入信息处理模块；再选择金字塔的垂直方向为成形方向，这样可节省添加支撑环节；然后分层处理生成 CLI 文件，单层结果显示如图 3.12b~d 所示；CLI 文件自动驱动快速成形机逐层累积，直至完成实体"金字塔"的数字化制造，制造过程如图 3.12e、f 所示。如图 3.12 所示，可以看出，微流挤压成形的实体"金字塔"与其 CAD 模型基本一致，说明快速成形机运行良好，并可以制造简单几何形状的实体。但该快速成形机是否可以制造具有复杂曲面的功能化义齿，在第 5 章做进一步地探讨。

3.5 非均质功能化义齿快速制造方法

本章上述内容介绍了基于微流挤压的均质义齿制造方法，而且微流挤压技术也可用于材料梯度分布的人工牙齿的制造，但材料的混合方式只能是模拟混合，并不能做到不同材料的任意混合。而非均质义齿中不同材料是任意分布的，因此需要一种新的材料混合技术来满足非均质义齿的制造需求。

针对现有技术的不足，本书提出一种非均质功能化构件的制造方法[55,56]。该制造方法基于微喷沉积与激光扫描烧结相结合的快速成形方法，其材料混合方式为数字混合。该制造方法具有墨水容易配制、一次成形而不需要后处理、制造精度高和工件强度均一等特点，有望用于非均质功能化义齿的快速制造。

3.5.1 非均质构件的数字化制造的工作原理

本书提出的制造方法以金属盐溶液直接作为打印墨水，以彻底解决悬浮液墨水易堵塞喷头的问题。工作原理也是基于离散/堆积原理，通过离散获得层片数据，用层片数据驱动打印喷头，逐层喷墨打印金属盐溶液；激光头在激光头与打印喷头随动系统作用下随即匹配扫描，逐点、逐像素、逐层反应固化，层层叠加，直至完成非均质功能构件的制造。制造过程主要包括以下几个步骤。

1）根据非均质功能化构件的设计要求配制金属盐溶液，并将其作为打印墨水，直接灌注进打印机墨盒中。金属盐溶液包括无机盐的水溶液、乙醇溶液或丙酮溶液，浓度控制在其饱和度以下。打印墨水为一种或一种以上的组分材料，其物理和化学性能符合打印喷头所需打印墨水的标准要求。

2）根据非均质功能化义齿的三维 CAD 模型分层数据，在计算机控制系统的控制下，打印喷头喷出一种或一种以上组分材料的打印墨水后，激光头在激光头与打印喷头随动系统作用下随即以该墨水反应固化所需的相应功率对其进行同位扫描，实现当前层面上所述组分材料的反应固化。所述激光头与打印喷头随动系统主要包括激光头扫描执行滞后时间控制系统。

3）打印喷头依据所述的分层数据，逐层喷墨打印。激光头在激光头与打印喷头随动系统作用下随即匹配扫描，逐层反应固化，直至完成，即可制造出所需的非均质功能化义齿。

3.5.2　非均质构件制造关键技术及解决方案

为解决金属盐溶液的成形问题，采用若干个功率可调的激光器与光纤耦合组成激光头，且激光束与打印喷孔相匹配，再通过微透镜对激光器输出的光束进行准直或会聚，在工作面上形成与喷头喷出组分的成形温度相匹配的激光点束。非均质功能化构件打印/激光烧结成形流程图如图 3.13 所示。

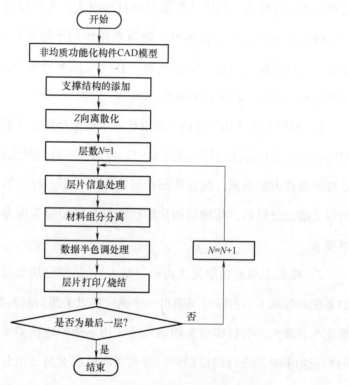

图 3.13 非均质构件的数字化制造过程流程图

非均质构件打印/激光烧结成形过程：①对非均质实体模型添加支撑结构，将其经过 Z 向离散化后，获得层片信息并确定分层数量，赋值 $N=1$；②在计算机控制系统程序作用下，对分层后的层片信息进行材料信息分离，获得当前工作层面上具体的打印/烧结信息；③当快速成形机完成当前层面的打印/烧结后，程序询问"是否为最后一层？"，如果"否"则返回步骤②，反之则工作完成。

上述步骤②中的计算机控制系统程序处理过程为：层片信息中的材料组分信息分离，并保存在不同的文件中；然后对分离后的层片数据进行半色调处理，从而确定了喷头的喷射打印位置；最后将经过处理的层片数据保存为打印喷头所能执行的二值化文件格式，并与 XY 运动平台配合，使打印喷头完成当前工作层面的喷射堆积。激光头所执行的二值化文件与打印喷头所能执行的二值化文件在内容上完全一致，但执行时间滞后于打印喷头。

打印喷头和激光头控制系统的解决方案分别叙述如下。

（1）打印喷头控制系统的解决方案　利用彩色喷墨打印技术的彩色图像成像原理，对非均质实体模型的层片文件应用材料组分分离技术和三维半色调技术，从而完成实体局部材料组分的控制。由于原理相同，在这里对不同材料组分进行分离后，用灰度图像的半色调技术来处理某一材料组分的二值化排布问题，然后将不同材料的二值化信息按照一定的格式保存为二值化图像，并将该图像信息提供给相应的打印喷头，以此完成喷射堆积。

（2）激光头控制系统的解决方案　对非均质实体模型的层片文件中不同材料组分进行分离，用灰度图像的半色调技术来处理某一材料组分的二值化排布问题，然后将不同材料的二值化信息按照一定的格式保存为二值化图像，并将该图像信息提供给相应的激光头来完成扫描照射烧结。激光头与打印喷头所执行的二值化图像信息内容相同，但激光头执行时间略滞后于打印喷头。换言之，打印喷头执行完喷射堆积后，激光头再立即执行相应的扫描照射烧结，两者存在先后顺序。

各个激光器可以独立驱动（由程序设定相应地址），由计算机控制激光器选区编码工作并控制线阵在工作面上平移，就可以实现复杂图形的选区烧结。若扫描遇到孔或曲线轮廓等一类不需要烧结的部位，则关闭对应该位置的激光器。控制激光器选区编码的信号来自三维 CAD 模型的层片信息，也就是说，打印喷头与激光头组合在一起，激光束（功率）与打印喷孔（组分）随动匹配。根据非均质义齿的三维 CAD 模型分层数据，在计算机的控制下，打印机喷头喷出不同组分材料的墨水，激光头随即以相应的功率对其进行扫描，并满足不同性能材料组分对固化温度的要求，从而实现当前层面上不同组分材料的反应固化成形。先喷墨打印，后激光扫描，逐层同步进行，逐层固化叠加，最后形成具有复杂形状及复杂组分分布的非均质功能构件。

3.5.3 非均质功能化构件制造装置

本书提出的非均质功能化构件制造方法的创新点之一在于本方法在某种程度上也可称为非均质照射技术，适用于非均质功能化义齿的快速成形制造，而且显然也适用于均质功能化义齿的制造。根据前面所提出的解决方案设计一款非均质功能化构件的制造装置（图3.14），主要包括：三轴运动平台、打印喷头、激光头和计算机控制系统。激光头与打印喷头各自独立存在，由不同的运动机构分别控制其扫描，称为分离式；也可由一套运动机构控制其扫描，称为组合头。为了简化运动系统，后续内容将主要介绍由一套运动机构控制的组合头。

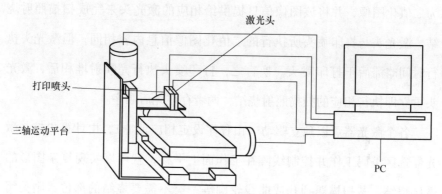

图 3.14　非均质功能化构件制造装置总体结构示意图

根据组合头扫描方式的不同，可将打印喷头与激光头的排列方式分为两种：一种为打印喷头与激光头的并列式结构（图3.15a）；另一种为激光头-打印喷头-激光头的夹芯式结构（图3.15b）。前者适用于激光单向扫描；后者适用于激光双向扫描。打印喷头与激光头在组合过程中，要保证打印喷头中的喷孔与激光头中的光纤孔一一对应（图 3.16）。工作顺序为先喷墨打印，随即激光扫描照射。

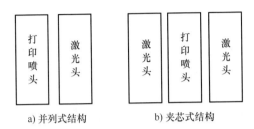

a) 并列式结构　　　　b) 夹芯式结构

图 3.15　打印喷头与激光头的扫描组合方式

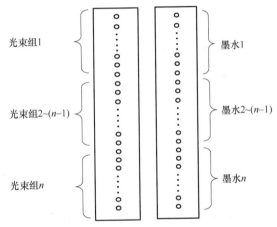

图 3.16　打印喷头中喷孔与激光头中相应光纤孔的对应情况

　　本书提出的制造设备的创新之处在于激光头与打印喷头构成的组合头结构及其工作控制程序。组合头由常规的激光头与打印喷头组合构成，分为捆绑式和一体式两种。

　　捆绑式组合中激光头与打印喷头之间只是简单的物理连接，可以直接采用已商品化的现有的激光头和打印喷头产品，其结构简单、费用低廉。其控制程序包括激光头与打印喷头随动系统和激光头扫描执行滞后时间控制系统，控制流程图如图 3.17 所示。根据本书所述的原理和该流程图可以编制具体的控制程序。

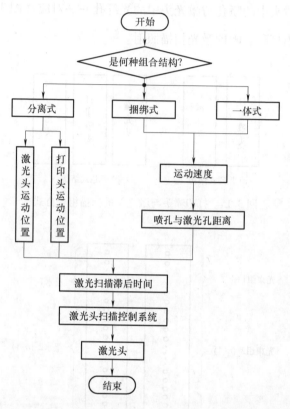

图 3.17　激光头扫描执行滞后时间控制流程图

　　打印喷头和激光头的工作组合方式除了前面所述的分离式、捆绑式以外，还可采用一体化制造的方式（一体式）。一体化制造的打印喷头和激光头，可称为打印激光一体头。图 3.18 所示为一体式打印激光一体头的结构示意图。

　　打印激光一体头的特点在于其组合头为一体化制造的组合头，包括打印喷头、激光头及把这两者组合为一体的夹具。

　　打印激光一体头中的打印喷头采用压电薄片式打印喷头，包括进墨口、出墨口、打印喷头电路接口、喷孔板、固定座、压电晶体和液体腔。打印喷头中的压电晶体按设计数量进行配置，并嵌入打印头的固定座，压电晶体与压电晶体之间的间隙构成液体腔，液体腔的前端与喷孔板上

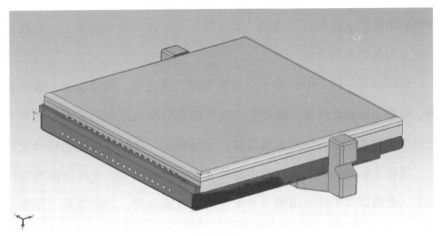

a) 整体结构

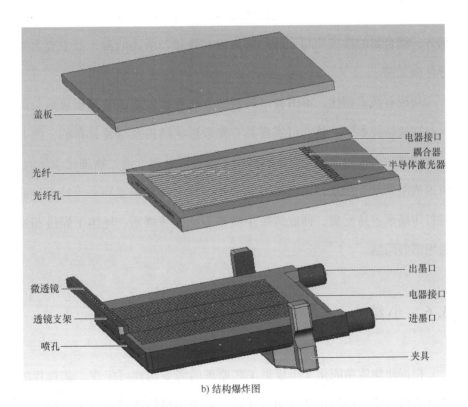

b) 结构爆炸图

图 3.18　打印激光一体头的结构示意图

的喷孔相通,液体腔的后端与进墨口、出墨口相通,并且压电晶体与打印喷头尾部的电路接口相连接,而夹具则安装在固定座的下方,并将打印喷头与激光头组合为一体。

打印激光一体头中的激光头包括光纤、微透镜、透镜支架、条形盖板、矩形盖板和光纤座。激光头中光纤的输出端固定在由矩形盖板和光纤座组成的盒体中,矩形盖板覆盖在光纤座上,微透镜固定在透镜支架上,透镜支架安装在光纤座的中间位置上,或者安装在光纤座的前端位置上,微透镜对光纤输出的激光束进行准直或会聚,并能够在工作面上形成一维或二维的光斑阵列。附属部分包括激光器、耦合器和激光头电器接口。激光头电器接口安装在激光器的后方,耦合器安装在激光器的前方,耦合器的输出端与光纤的输入端相连接。所述的激光器主要为半导体激光器。

与现有技术相比,本书提出的制造方法和装置集微喷沉积成形与激光扫描烧结技术于一体,可实现具有复杂形状结构及组分分布的三维非均质功能化义齿的制造,一次成形而不需要后处理。通过物理化学反应,可形成纳米级沉积层,因此具有制造精度高、工件强度均一等特点,而且打印墨水容易配置,彻底解决了喷墨系统的易堵塞、坯体干燥慢和容易塌陷等问题。

3.6 小结

根据非均质功能化义齿成形工艺原理的需要构建可实现工艺过程的快速成形系统。功能化义齿的快速制造系统主要包括机械系统、数控系统和软件系统。机械系统采用龙门式结构作为运动平台主框架,通过气动微挤压系统实现陶瓷浆料的挤出成形;数控系统采用"NC 嵌入 PC"

型的开放式数控系统，包括 XYZ 三维扫描运动控制和两个开关量的控制；软件系统主要包括信息处理模块和成形机驱动模块。通过"金字塔"的微挤压成形，初步验证了快速制造系统的可用性。最后针对非均质义齿的制造需求，提出了一种非均质功能化构件的制造方法，该方法将三维彩色喷墨打印成形技术与激光扫描烧结技术相结合，可直接喷射金属盐溶液，从而彻底解决了悬浮液墨水易堵塞喷头等问题。

第4章

功能化材料的制备与性能研究

4.1 引言

本章重点对功能化义齿材料的制备及其性能进行系统、深入的研究。功能化义齿材料是指除满足其特定口腔环境所需的基本的力学性能、物理化学性能、生物相容性、美学特性外，还有益于人体健康的义齿材料。红外功能化义齿是通过发射远红外线来促进人体的健康，红外线与机体作用属于非接触式，非接触式作用方式在将来的实际应用中具有更多的优势。本章主要研究远红外功能化义齿陶瓷材料的化学组成、晶体结构、表面形貌与材料红外发射性能之间的关系，并最终确定功能化义齿材料的最优工艺参数，为后续章节中功能化义齿的数字化制造做准备。

4.2 功能化义齿的化学组成与性能优化研究

4.2.1 功能化义齿的化学组成

材料的性能首先是由其化学组成决定的，因此要想满足义齿的实际服役条件及功能化需求，有关义齿材料的化学组成的考虑是第一位的。

　　义齿材料一般包括有机材料、金属材料和陶瓷材料。有机材料的力学性能及生物相容性均表现一般；金属材料具有优良的力学性能，但美学效果欠佳；陶瓷材料不仅色泽接近自然牙齿，而且生物相容性好，但脆性大、强度低。近年来，随着氧化锆陶瓷的成功开发与应用，陶瓷的力学性能得到了革命性的改善，在所有全瓷修复材料中，氧化锆陶瓷的抗弯强度最高，所以适用于所有部位的牙齿修复，并可用于制作后牙桥。但氧化锆陶瓷红外发射率低，并不能满足人工牙齿的功能化需求。

　　最有益于人体健康的红外波段为 $8\sim14\mu m(1250\sim715cm^{-1})$，要想相关材料在此波段获得良好的发射性能，具有此波段的红外活性键是必不可少的。

4.2.2　功能化义齿的性能优化

　　有关功能化义齿的研究，不仅要考虑实际服役性能，还要考虑材料的功能化需求及其后期数字化加工成形对材料可成形性的相关要求，是一个复杂的多目标研究过程。根据功能化性能的要求，按照材料的化学组成、结构、性能、制备工艺之间的理论和经验知识进行实验研究，优化功能化义齿材料组成设计和制备工艺，获得具有所需性能的功能化义齿材料。通过性能评价，如果性能达不到要求，则需重复上述过程，直至满足要求。功能化义齿材料的性能优化流程图如图 4.1 所示。

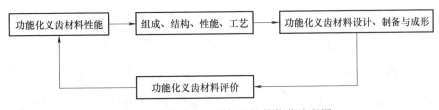

图 4.1　功能化义齿材料的性能优化流程图

4.3 功能化义齿的主要原材料的研制

4.3.1 功能化义齿的主要原材料

1. 氧化锆

与传统的金属烤瓷牙相比，陶瓷牙因其在美学和生物相容性方面性能的改善，而受到普遍的关注。目前陶瓷材料的种类较多，如氧化铝、氧化锆、白榴石和锂基瓷等；制作方法也各有不同，如渗透陶瓷、热压铸造陶瓷、瓷沉积和计算机辅助设计/计算机辅助制造（CAD/CAM）等。在所有全瓷修复材料中，氧化锆陶瓷的抗弯强度最高，适用于所有部位的牙体修复，并可用于制作后牙桥。

氧化锆（ZrO_2）具有三种晶型——单斜相、四方相和立方相，其密度分别为 $5.65g/cm^3$、$6.10g/cm^3$ 和 $6.27g/cm^3$，密度逐渐增大。三种晶型的氧化锆存在于不同的温度范围并可相互转化，它们之间的转化关系为

$$单斜相(m\text{-}ZrO_2) \underset{1223K}{\overset{2343K}{\rightleftharpoons}} 四方相(t\text{-}ZrO_2) \overset{2643K}{\rightleftharpoons} 立方相(c\text{-}ZrO_2) \quad (4.1)$$

在室温条件下，氧化锆以稳态的 $m\text{-}ZrO_2$ 的形式存在，但若其与适当的稳定剂结合后转变为亚稳态的 $t\text{-}ZrO_2$，则也可存在于室温。当材料受到外力产生微裂纹时，裂纹尖端亚稳态的 $t\text{-}ZrO_2$ 晶体在应力诱导下向稳态的 $m\text{-}ZrO_2$ 转变，伴随着体积膨胀和形状变化改变裂纹尖端的应力场，阻止裂纹的延伸并减弱裂纹扩展所需要的更高的外界作用载荷，这就是 $t\text{-}ZrO_2$ 到 $m\text{-}ZrO_2$ 马氏体相变的应力诱导相变增韧机制。此外，增韧机制还有微裂纹增韧、微裂纹分支增韧和表面增韧等[2,57,58]。

以氧化钇作为稳定剂的四方氧化锆多晶陶瓷（Y-TZP）与传统牙科陶瓷材料相比，由于存在介稳的四方氧化锆（t-ZrO_2）向单斜氧化锆（m-ZrO_2）的应力诱导相变增韧作用，具有较高的韧性，可进行高强度的后牙区陶瓷修复。但氧化锆的红外发射性能偏低，并不能满足实际应用的要求。

2. 天然电气石

电气石是一种天然的矿物材料，含有大量的红外活性键，因此具有良好的发射远红外线的性能，是一种典型的环境友好型功能矿物。用电气石为主要成分制备的陶瓷产品已广泛用于环保、节能及保健等领域[42,59-61]。并且电气石在我国内蒙古、新疆、山东等许多省（自治区）都有产出，每年对外出口数百吨。日、欧、美等发达国家在有关电气石的研究与应用方面一直保持世界领先水平，而我国在该领域起步较晚，因此有必要深入研究，并拓宽其应用领域，实现优势资源的科学利用。

迄今还没有发现有关用电气石来提高氧化锆红外发射性能的相关研究。因此，本书选用内蒙古某地出产的电气石为主要的功能化活性添料，来提高氧化锆的远红外发射性能。所用电气石的中位径 $D_{50} = 90nm$，其主要化学成分见表 4.1。

表 4.1　电气石的主要化学成分

化学成分	SiO_2	Al_2O_3	B_2O_3	Fe_2O_3	CaO	MgO	Na_2O	K_2O	总计
质量分数（%）	34.60	34.98	10.94	15.80	2.53	0.20	0.91	0.04	100

稀土元素因 4f 轨道电子容易激发，其配位产生可变性，从而使稀土元素具有其独有的特性[62-74]。表现在其 4f 轨道的电子具有"剩余原子价"的作用，使稀土元素的离子价态之间比较容易转变，既可得电子也可失电子。稀土元素已被广泛应用于汽车尾气净化、石油裂化催化、光致发光和催化燃烧等技术领域。特别是稀土中的铈元素，比如具有萤石

型结构的 CeO_2，在氧化环境中能够储存氧，在还原环境中又能够释放氧，这一特性已被广泛应用于高活性催化剂的制备[75-91]。冀志江教授[92]发现铁镁电气石的晶胞体积收缩有利于红外发射性能的提高。许刚科等将稀土与电气石的复合远红外材料应用于活化汽油，发现节油率可达 2.8%~3.7%，但有关稀土铈对电气石发射远红外性能的影响机理还有待深入研究。

4.3.2 功能化义齿材料制备工艺

本书中功能化义齿陶瓷材料的制备工艺可以分为两步：第一步，采用沉淀法制备功能化活性材料，主要原料为天然电气石和硝酸铈；第二步，采用简单的球磨法制备功能化陶瓷浆料，主要原料为氧化锆和功能化活性材料。功能化义齿陶瓷材料的制备工艺流程如图 4.2 所示。

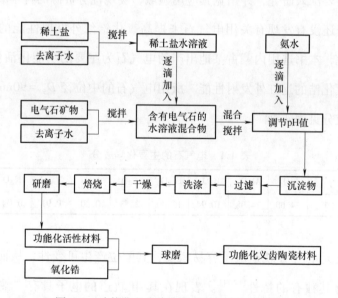

图 4.2　功能化义齿陶瓷材料的制备工艺流程

功能化活性材料以天然电气石矿物和稀土盐为主要原料，采用沉淀法制备功能化活性材料[42]。首先用一定量的去离子水制成含有电气石的水溶液混合物，用螺旋桨搅拌器搅拌 1h，并将含有稀土盐的水溶液逐滴加入其中，搅拌 2h 后用 12% 的氨水将上述混合溶液的 pH 值调至 8.5，沉淀物经过过滤、充分洗涤和干燥，然后在选定的温度下焙烧 3h，自然冷却，研磨过筛，最后得到功能化活性材料。

功能化义齿陶瓷材料由功能化活性材料和氧化锆陶瓷粉组成。功能化义齿陶瓷浆料以水作为分散介质，将两者按比例混合并球磨 24h 后，得到固含量（质量分数）为 50%~70% 的陶瓷浆料，从而为挤压成形义齿牙冠做准备。

4.3.3　功能化义齿材料的表征及性能测试

1. 晶体结构分析

采用荷兰飞利浦公司 X'Pert Pro MPD 型 X 射线衍射仪，测试样品中的物相组成，研究材料的晶体结构与远红外发射性能之间的关系。

2. 表面形貌分析

采用日本 JEOL 公司的 JSW-6700F 型冷场发射扫描电子显微镜，观察微观形貌，用线性扫描技术分析复合材料中的元素分布状况，研究微观结构对其性能的影响。附件配有英国牛津仪器公司 INCA 能谱仪（EDS）。采用荷兰飞利浦公司 Tecnai 20 型透射电子显微镜，观察样品的微观形貌及其结构组成。

3. 红外吸收性能分析

采用德国布鲁克公司 VERTEX 80v 型傅里叶变换红外光谱仪，研究材料吸收光谱的情况，分析材料化学组成与远红外发射率之间的关系。

4. 远红外发射性能

采用德国布鲁克公司 VECTOR 22 和 VERTEX 80v 型傅里叶变换红外

光谱仪，测试样品的远红外发射性能，研究材料发射率与材料组成、晶体结构、红外吸收之间的关系。

4.4 功能化义齿材料的关键性能优化

首先以电气石矿物和稀土盐为主要原料，采用沉淀法制备功能化活性复合材料；然后以功能化活性复合材料和氧化锆为主要原料，采用简单的球磨法制备功能化义齿陶瓷材料。本节首先讨论稀土种类、稀土添加量和热处理温度对功能化活性材料的远红外发射性能的影响；然后讨论功能化活性复合材料对功能化义齿陶瓷材料的远红外发射性能的影响，并最终确定优化工艺参数。

通过 XRD（X-Ray Diffraction，X 射线衍射）、XPS（X-ray Photoelectron Spectroscopy，X 射线光电子能谱）、FTIR Spectrometer（Fourier Transform Infrared Spectrometer，傅里叶变换红外光谱仪）分析研究化学成分、晶体结构、红外发射性能之间的关系，并用 XPS 分析稀土元素与电气石之间的相互作用，深入研究稀土对电气石远红外发射性能的影响机理。通过 SEM（Scanning Electron Microscope，扫描电子显微镜）分析微观结构对义齿陶瓷材料的功能化性能及实际服役性能的影响，通过 XRD、FTIR 进一步研究义齿陶瓷材料的组分、晶体结构、功能化性能及实际服役性能之间的关系。

4.4.1 稀土铈对电气石红外发射性能的影响

1. 远红外发射性能

表 4.2 列出了功能化活性材料在 $3 \sim 15 \mu m$ 波段范围内的红外发射率，其中天然电气石的远红外发射率为 86%。采用原料硝酸铈的含量（质量

分数）分别为 0、2%、6%、15%、40%、75%；热处理前的样品名分别用 C00、C02、C06、C15、C40、C75 表示；经热处理后的样品分别用"样品名+4""样品名+6""样品名+8"表示，其中"4""6""8"分别代表 400℃、600℃、800℃的热处理温度。

从表 4.2 可以看出，热处理可以提高天然电气石的红外发射率，最佳热处理温度为 800℃，红外发射率从 86% 提高到 90%；稀土铈含量（质量分数）在 2% ~ 6% 范围内可以增强天然电气石的红外发射性能，其中 6% 稀土铈效果明显，并且以经过 600℃热处理的红外发射率最高，为 94%；稀土铈含量（质量分数）为 15% ~ 75% 的样品，其红外发射率反而下降，这有可能是由于稀土铈含量过高导致样品的红外发射性能降低。

表 4.2　功能化活性材料的红外发射率

温度/℃	红外发射率（%）					
	C00	C02	C06	C15	C40	C75
400	87	88	90	79	73	70
600	89	92	94	82	75	73
800	90	91	92	81	74	72

冀志江教授[92]研究结果表明：电气石的红外发射率与其晶体结构有着密切的关系，并且电气石的晶胞体积越小其远红外发射性能越好。接下来，本书进一步探讨稀土铈对电气石晶体结构的影响情况，从而具体解释为何稀土铈含量（质量分数）为 6% 的样品的红外发射率最高。

2. XRD 分析

图 4.3 所示为天然电气石和不同铈含量样品在 400℃、600℃、800℃保温 3h 后的 XRD 图谱。

如图 4.3a 所示，可以看出，天然电气石的特征衍射峰明显、尖锐，与相关电气石的 XRD 图谱基本一致；经过 400℃热处理后，样品 C00、

C02、C06、C15 中的电气石特征衍射峰的峰位没有太大变化，但峰强有所减弱，这与电气石含量降低有关，而样品 C40、C75 中的电气石特征衍射峰明显弱化，几乎观察不到电气石的特征衍射峰；恰恰相反，随着电气石特征衍射峰的逐渐弱化，CeO_2 的特征衍射峰逐渐增强，说明随着稀土铈含量的增加，萤石型结构的 CeO_2 晶粒逐渐长大，其含量也逐渐增多。

如图 4.3b 所示，可以看出，与天然电气石相比，经过 600℃ 热处理后，样品 C00、C02、C06 中的电气石特征衍射峰的峰位也没有太大变化，但峰强有所减弱；而样品 C15 中电气石的特征衍射峰已明显开始弱化，到样品 C40 几乎观察不到电气石的特征衍射峰，样品 C75 则与图 4.3a 所示的一样，已完全没有电气石的特征衍射峰出现。而 CeO_2 的特征衍射峰从样品 C02 就能够观察得到，图 4.3a 所示则观察不到，并且在相同稀土铈含量情况下，CeO_2 的特征衍射峰均比图 4.3a 所示的清晰、明显、尖锐，说明热处理温度的提高有利于 CeO_2 晶体的成核与长大。

如图 4.3c 所示，可以看出，电气石的特征衍射峰与图 4.3a、b 所示对应样品中电气石的特征衍射峰规律基本一致；CeO_2 的特征衍射峰从样品 C02 开始出现，与图 4.3b 所示相同，但不如其明显、尖锐；样品 C06、C15、C40、C75 中 CeO_2 特征衍射峰比图 4.3b 所示对应样品的 CeO_2 特征衍射峰弱，但比图 4.3a 所示对应样品的 CeO_2 特征衍射峰强，说明在稀土铈与电气石复合时，并不是温度越高 CeO_2 的含量就越高，其晶形就越完整。

综合来看，经 400℃、600℃、800℃ 保温热处理 3h 后，电气石没有发生相变，晶体结构完整；红外功能化活性材料主要由电气石和萤石型结构的 CeO_2 组成；最佳热处理温度为 600℃，其中 CeO_2 晶形完整，且晶粒较大。

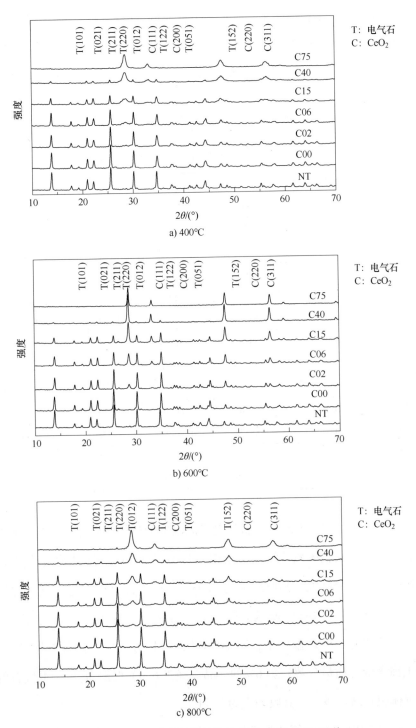

图 4.3　不同铈含量样品热处理 3h 后的 XRD 图谱

表4.3列出了根据图4.3所示各个样品的 XRD 数据，采用 MDI Jade 5.0 XRD 数据处理软件，分析并计算电气石的晶胞参数 a、c 和晶胞体积 V_{cell}，定量研究稀土铈对电气石晶胞体积的影响情况。晶胞体积计算式为

$$V_{cell} = a^2 c \sin \frac{\pi}{3} \qquad (4.2)$$

表 4.3 稀土铈对电气石的晶体结构的影响

样品	保温处理温度/℃	a/nm	c/nm	V_{cell}/nm^3	收缩率（%）
NT	—	1.60053	0.71807	1.59255	—
C00	400	1.59030	0.72031	1.57716	0.97
C02	400	1.58948	0.71957	1.57391	1.17
C06	400	1.58931	0.71653	1.56693	1.61
C15	400	1.59202	0.72062	1.58125	0.71
C00	600	1.58703	0.71980	1.56957	1.44
C02	600	1.58087	0.71823	1.55401	2.42
C06	600	1.58120	0.71582	1.54944	2.71
C15	600	1.57897	0.71953	1.55308	2.48
C00	800	1.58307	0.71946	1.56101	1.98
C02	800	1.58372	0.71791	1.55892	2.11
C06	800	1.58288	0.71704	1.55538	2.33
C15	800	1.58272	0.71759	1.55626	2.28

由表4.3可知，天然电气石经过不同温度的热处理后，随着温度的增加，电气石的晶胞体积持续发生收缩，其中以 800℃ 保温 3h 的电气石的晶胞体积收缩量最大，其收缩率为 1.98%；稀土铈可以促进电气石晶胞体积的收缩，并以 6%（质量分数）为最佳用量；稀土改性电气石的样品，在不同的热处理温度下，以 600℃ 保温 3h 为最佳；在所有样品中，稀土铈含量（质量分数）为 6% 的样品，经过 600℃ 保温 3h 后，电气石的晶胞体积收缩量最大，其收缩率为 2.71%。

经过 XRD 定量计算的结果与表 4.2 中有关红外发射率的结果基本一

致，也就是说，样品中电气石的晶胞体积越小，其远红外发射性能越好，与冀志江教授的研究结果一致。

3. XPS 分析

X 射线光电子能谱（XPS）根据原子中不同能级上的电子具有不同的结合能的原理来测定材料中的金属化合价状态及其含量。

电气石的晶格发生变化的因素包括：二价铁离子（0.074nm）被氧化成三价铁离子（0.674nm），OH^- 被 O^{2-} 代替；而热应力作用又会使晶格膨胀。而电气石受热晶胞体积发生收缩的主要原因在于二价铁离子的氧化与 OH^- 被 O^{2-} 代替两者共同作用，导致的晶格收缩大于热应力所引起的晶格膨胀。

基于以上分析，为深入研究稀土铈促进电气石晶胞体积收缩的原因，分别对样品 C00、C06 做 XPS 刻蚀测试，检测样品中电气石亚表面中铁元素的变化情况，将天然电气石作为对照，比较温度和掺杂稀土铈对电气石中 Fe^{2+} 变化的影响情况；然后进一步检测 C00、C06 表面及亚表面中铈元素各价态的分布情况，通过分析电气石对铈元素的影响情况，最终得出稀土铈促进电气石晶胞体积收缩的影响机理。

图 4.4 所示为氩离子刻蚀 15min 后，天然电气石和经不同温度热处理的 C00、C06 样品中 Fe2p 的 XPS 图谱，其中 XPS 的探测深度约为 15nm。

如图 4.4a 所示，可以看出，天然电气石在此探测深度下，Fe^{2+} 峰形明显，而经过热处理后，样品 C00 中 Fe^{2+} 含量有所降低，而 Fe^{3+} 含量略有增加，说明经过 600℃保温 3h 的热处理，电气石亚表面中 Fe^{3+} 含量有所增加；而样品 C06 中 Fe^{2+} 的峰值明显减弱，Fe^{3+} 峰形明显凸起，说明稀土铈促进了电气石中 Fe^{2+} 向 Fe^{3+} 的转化。

如图 4.4b 所示，可以看出，样品 C00、C06 中 Fe2p 峰形的变化情况与图 4.4a 所示的类似，共同说明稀土铈促进了电气石中 Fe^{2+} 向 Fe^{3+} 的转化，从而导致电气石晶胞体积的收缩。此结果与表 4.3 关于 XRD 的分析结果一致，所以 XPS 和 XRD 共同证明了稀土铈可以促进电气石晶胞体积的收缩。

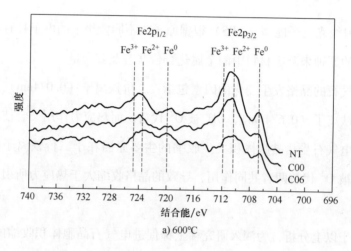

a) 600℃

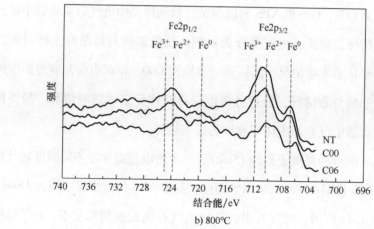

b) 800℃

图 4.4　刻蚀后 C00 和 C06 样品的 Fe2p 的 XPS 图谱

以上分析结果，虽然定性地解释了稀土铈可以促进电气石晶胞体积收缩的原因，但还不能说明为何在 600℃保温 3h 时 6%含量的稀土铈样品中电气石的晶胞体积最小。表 4.4 列出了图 4.4 所示 XPS 的数据通过计算得出的各价态铁元素占总铁元素的百分比，定量研究稀土铈对电气石中 Fe^{2+} 向 Fe^{3+} 转化的影响情况。

表 4.4 刻蚀后 C00 和 C06 样品中各价态铁元素占总铁元素的百分比

样品		NT	C00		C06	
			600℃	800℃	600℃	800℃
占比 （%）	Fe^0	5.1	5.2	5.1	4.6	4.6
	Fe^{2+}	71.3	66.5	62.5	44.1	55.2
	Fe^{3+}	23.6	28.3	32.4	51.3	40.2

从表 4.4 可知，样品 C06 在 600℃ 保温 3h，电气石的亚表面中的 Fe^{3+} 含量大于在 800℃ 保温 3h 条件下的，而 C06 在 800℃ 保温 3h 的样品中电气石的晶胞体积收缩量仅次于 600℃ 保温 3h 条件下的，因此也就解释了为何在 600℃ 保温 3h、含 6% 稀土铈的样品中电气石的晶胞体积最小。

既然稀土铈可以促进电气石中 Fe^{2+} 向 Fe^{3+} 的转化，那么电气石又是如何影响铈元素的价态分布呢，这将是接下来需要进一步讨论的问题。图 4.5 所示为 C06 在分别在 600℃、800℃ 保温 3h，样品表面和亚表面中 Ce3d 的 XPS 图谱。通过分析铈元素的价态分布情况，从铈元素的角度解释电气石晶胞收缩的原因。

如图 4.5 所示，可以看出，样品 C06 的表层的铈元素主要以 Ce^{4+} 的价态存在；而刻蚀后，亚表面中铈元素主要以 Ce^{3+} 的价态存在。与图 4.4 所示相比较发现：Ce^{3+} 相对含量的增加与 Fe^{3+} 相对含量的增加呈一定的对应关系。也就是说，CeO_2 中的 Ce^{4+} 促进了电气石中的 Fe^{2+} 的氧化，同时 CeO_2 中的 Ce^{4+} 被还原为 Ce^{3+}，符合氧化还原反应原理。所以在空气中，样品整体处于氧化环境，电气石为 CeO_2 中的 Ce^{4+} 提供了局部还原环境，因此电气石中的 Fe^{2+} 的氧化伴随着 CeO_2 中的 Ce^{4+} 的还原。

在 600℃ 保温 3h，样品 C06 的表面和亚表面中的 Ce^{4+} 的变化情况比在 800℃ 保温 3h 条件下的明显，也就是说，相对于 800℃ 热处理而言，600℃ 热处理样品中含有更多的 Ce^{3+}，与表 4.5 中 600℃ 热处理样品中含有更多的 Fe^{3+} 相对应，因此，也就从铈元素的角度解释了在 600℃ 保温

3h、含6%稀土铈样品中电气石的晶胞体积最小。

总体来看，XRD分析计算的CeO_2促进电气石晶胞体积收缩的结果与XPS分析的关于铈元素、铁元素价态分布的结果相吻合，共同证明了稀土铈可以促进电气石晶胞体积的收缩。

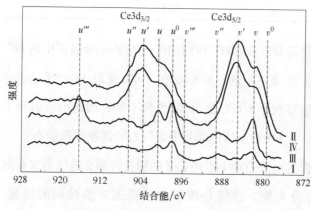

曲线Ⅰ：刻蚀前，600℃热处理的天然电气石

曲线Ⅱ：刻蚀后，铈含量(质量分数)为6%，热处理温度为600℃的电气石

曲线Ⅲ：刻蚀前，800℃热处理的天然电气石

曲线Ⅳ：刻蚀后，铈含量(质量分数)为6%，热处理温度为800℃的电气石

图4.5　样品C06刻蚀前后Ce3d的XPS图谱

4. TEM分析

图4.6所示为稀土铈改性电气石的TEM照片。

如图4.6a所示，可以看出，天然电气石颗粒呈不规则棱形，这种典型的外在形貌是由其特殊的晶体结构决定的，并且这种特殊的晶体结构导致电气石存在永久电极性，表现在电气石沿其晶胞c轴方向的两端存在正、负电荷，由于不同电荷之间相互吸引，电气石颗粒之间就会相互吸引。图4.6a所示结果也证明了这一点，其中大颗粒吸引小颗粒（直径一般大于50nm），小颗粒之间彼此相接。

如图4.6b、c所示，较大颗粒表面不仅有小颗粒存在，还有纳米斑点存在，其直径在10~20nm之间，斑点形貌明显区别于电气石的特征外形，经电子探针分析有铈元素存在。通过图4.6d所示的高分辨率照片可知，测得斑点的面间距为0.31nm，与CeO_2（111）面间距0.312nm相匹配，说明测得纳米斑点的晶格指数是纳米 CeO_2 的晶格指数。结果与 XRD 和 XPS 的结果一致，共同证明纳米 CeO_2 为面心立方的萤石型结构，这种结构具有较强的氧化还原能力。如图 4.6b 所示，可以看出，纳米 CeO_2 主要分布在电气石的两端，这种现象有可能是因为电气石存在的永久电极会分别吸引异电离子而导致的。

a) 天然电气石照片

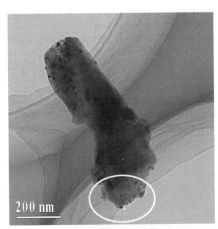

b) 稀土铈改性电气石低倍照片

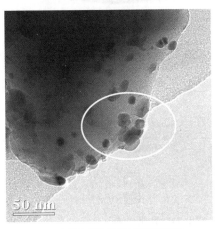

c) 稀土铈改性电气石高倍照片

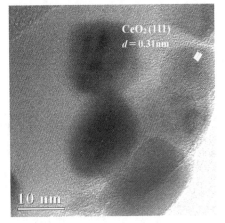

d) 电气石上纳米CeO_2高分辨率照片

图 4.6　稀土铈改性电气石的 TEM 照片

5. 机理分析

图 4.7 所示为根据 SEM、XRD、XPS 分析结果建立的稀土铈促进电

气石中 Fe^{2+} 的氧化模型。

　　如图 4.7 所示，可以看出，在材料制备的初期，悬浮液处在常温状态，这样电气石的正、负极（图 4.7 Ⅰ）会分别吸引悬浮溶液中的异电离子，如 NO_3^-、Ce^{3+}（图 4.7 Ⅱ）；随着热处理温度的增加，NO_3^- 完全分解，电气石正负极发生颠倒，部分 Ce^{3+} 就会被吸附在电气石的另一端，出现了电气石两端均有 Ce^{3+} 存在的现象（图 4.7 Ⅲ）；伴随着热处理温度的持续增加，吸附在电气石两端的 Ce^{3+} 逐渐被空气中的氧气氧化成 Ce^{4+}，并形成了萤石型结构的 CeO_2（图 4.7 Ⅳ），萤石型结构的 CeO_2 具有较强的氧化还原能力，能够利用空气中的氧气氧化电气石中的 Fe^{2+}，同时 CeO_2 中的 Ce^{4+} 被还原成 Ce^{3+}（图 4.7 Ⅴ）。具体的化学反应式为

$$2CeO_2+2FeO \longrightarrow Ce_2O_3+Fe_2O_3 \tag{4.3}$$

$$2Ce_2O_3+O_2 \longrightarrow 4CeO_2 \tag{4.4}$$

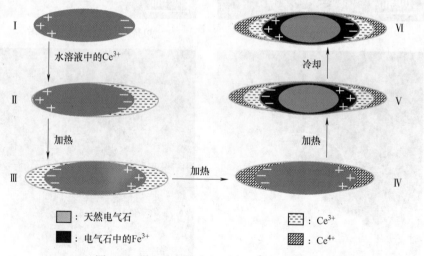

图 4.7　稀土铈促进电气石中 Fe^{2+} 氧化模型

　　随着化学反应的持续进行，电气石中的 Fe^{2+} 不断被氧化成 Fe^{3+}。在材料退火阶段，随着温度的逐渐降低，电气石正、负极恢复到常温状态，而电气石两端有萤石型结构的 CeO_2 存在（图 4.7 Ⅵ），与图 4.6 所示的 TEM 的分析结果一致。电气石中的 Fe^{2+} 的氧化导致电气石晶胞体积收缩，

最终提高了电气石的远红外发射性能。

4.4.2　复合稀土对电气石红外发射性能的影响

通过前面稀土铈对电气石红外发射性能影响的研究发现，氧化铈的氧化还原性能促进了电气石中的 Fe^{2+} 向 Fe^{3+} 的转化，导致电气石晶胞体积收缩，最终提高了电气石的红外发射性能。研究表明[93-95]：稀土镧可促进氧化铈的氧化还原性能。因此可以通过掺杂稀土镧来提高氧化铈的氧化还原性能，进一步研究稀土镧掺杂氧化铈对电气石红外发射性能的影响情况。

1. TEM 分析

图 4.8 所示为采用共沉淀法制备的远红外复合材料，热处理温度为 $600 \sim 800℃$ 。

如图 4.8 所示，可以看出，由于电气石的自发极化，导致颗粒之间紧密相连。在电气石颗粒的表面上存在明显的附着斑点，斑点直径为 $2 \sim 10nm$ ，经扫描探针分析，斑点内含有铈元素和镧元素。

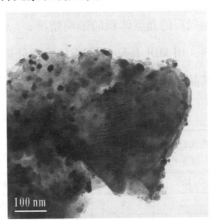

a) 低倍照片　　　　　　　　　　b) 高倍照片

图 4.8　稀土镧掺杂氧化铈改性电气石的 TEM 照片

2. XRD 分析

图 4.9 所示的稀土镧掺杂纳米氧化铈改性电气石的 XRD 图谱。

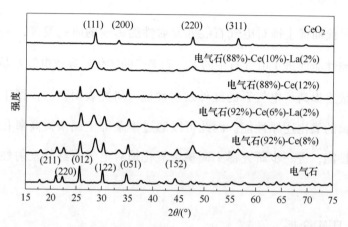

图 4.9 稀土镧掺杂纳米氧化铈改性电气石的 XRD 图谱

如图 4.9 所示，可以看出，双稀土矿物复合材料主要由电气石和 CeO_2 组成，并无 La_2O_3 相形成，说明稀土镧已掺杂进入 CeO_2 的晶胞，并且 CeO_2 的衍射峰已具有纳米化特征。经过改性的电气石的衍射峰向大角度移动，其中以 6%铈和 2%镧改性的电气石衍射峰右移明显。衍射峰向大角度移动说明电气石的晶胞体积发生收缩，为定量研究双稀土元素对电气石的晶胞体积的影响情况，采用醋酸铈和醋酸镧为原料制备复合材料，用 MDI Jade 5.0 XRD 数据处理软件分析、计算电气石的晶胞参数及其晶胞体积，结果见表 4.5。

表 4.5 稀土镧掺杂氧化铈改性电气石的晶胞参数

电气石含量（%）	醋酸铈含量（%）	醋酸镧含量（%）	a/nm	c/nm	V_{cell}/nm³	收缩率（%）
100	—	—	1.60053	0.71807	1.59255	—
92	8	0	1.58288	0.71704	1.55538	2.33
92	6	2	1.58188	0.71518	1.54939	2.71
88	12	0	1.58989	0.71821	1.57175	1.31
88	10	2	1.58599	0.71829	1.56422	1.78

从表 4.5 可以看出，稀土对电气石晶胞体积收缩的影响：6%铈＋2%镧>8%铈>10%铈＋2%镧>12%铈>天然电气石，收缩量分别为 2.71%、2.33%、1.78%、1.31%。说明稀土镧掺杂的氧化铈可促进电气石晶胞体积的收缩，并且 6%铈＋2%镧条件下的收缩最为明显，电气石的晶胞体积收缩率为 2.71%，高于单一稀土铈的收缩情况[96,97]。

3. 红外发射性能分析

表 4.6 列出了复合稀土对电气石红外发射性能的影响情况。

表 4.6　复合稀土对电气石的红外发射性能的影响

电气石含量（%）	醋酸铈含量（%）	醋酸镧含量（%）	发射率（%）
100	—	—	86
92	8	0	92
92	6	2	95
88	12	0	87
88	10	2	89

从表 4.6 可以看出，稀土对电气石红外发射率的影响：6%铈＋2%镧>8%铈>10%铈＋2%镧>12%铈>天然电气石，与 XRD 分析结果一致，进一步证实了电气石晶胞体积越小，其红外发射性能越好。并且说明稀土镧掺杂的纳米氧化铈可提高电气石的红外发射性能，并且 6%铈＋2%镧条件下的电气石的红外发射率最高，从天然电气石的 86%提高到 95%，高于单一稀土铈改性电气石的红外发射率。

4.4.3　稀土/电气石对二氧化锆红外发射性能的影响

1. TG/DTA

功能化义齿陶瓷材料主要是高纯氧化锆微粉，可以通过添加功能化活性复合材料来改善氧化锆的红外发射性能。首先采用日本岛津公司的

TASYS TAMENCL 热分析仪，对样品在 25~1500℃进行差热分析（Different Thermal Analysis，DTA）和热重分析（Thermogravimetric Analysis，TG/TGA），来确定材料的制备工艺。图 4.10 所示为功能化义齿陶瓷粉的 TG-DTA 曲线。

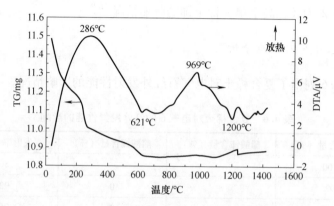

图 4.10　功能化义齿陶瓷粉的 TG-DTA 曲线

如图 4.10 所示，在 286℃出现的放热峰，为电气石中 Fe^{2+} 的氧化及球磨过程形成的短程有序结构的重排，但在此阶段样品失重明显，说明样品本身吸热、水分与空气解吸产生的吸热谷已被明显忽略；在 969℃出现的放热峰，为原子尺度的重排和位错移动以实现有序化，以及球磨过程产生的应变能的释放；在 1200℃出现的吸热谷，为电气石晶体结构破坏分解产生的，电气石晶体结构破坏必然伴随新相的形成，该过程是一个较为复杂的过程，因此 1200℃以后的 DTA 曲线不断波动，但其失重曲线已趋于平滑。

电气石在具有完整的晶体结构时，具有优良的红外发射性能；但为达到二氧化锆的烧结温度，需要将烧结温度提高，甚至需要超过电气石的分解温度。那么在电气石晶体结构遭到破坏的情况下，是否还能够改善氧化锆的红外发射性能，以及对氧化锆的实际服役性能又将产生怎样的影响？接下来将逐步展开，说明其影响情况。

2. 红外发射性能

表4.7列出了不同含量的功能化活性材料及其制备工艺对氧化锆红外发射性能的影响情况。

从表4.7可以看出，与球磨前的电气石和氧化锆微粉相比，球磨提高了陶瓷粉的红外发射性，这可能由于在球磨过程中撞击所产生的能量引发的物理化学反应导致生成了新的红外活性键，新的红外活性键增强了陶瓷粉的红外发射性能。

电气石含量从2%增加到4%，对氧化锆的红外发射性能有较明显的提高；而电气石含量增加到8%，氧化锆的红外发射性能并没有得到进一步提高。因此从提高红外发射性能的角度来看，4%为电气石的合理含量，可达到用量少且提高氧化锆的红外发射性能的目的。稀土铈的添加对氧化锆红外发射性能略有提高，但影响不明显。

经过1200℃的烧结，陶瓷粉的红外发射性能得到进一步提高，这可能与烧结过程伴随大量的红外活性键生成有关；烧结温度提高到1400℃后，对陶瓷粉的红外发射性能影响不明显。因此仅从提高红外发射性能的角度来看，最佳烧结温度应为1200℃。

综合来看，4%的电气石、1%稀土和95%氧化锆，在1200℃烧结4h陶瓷粉的红外发射性能最好，发射率为95.1%。下面通过绘制红外发射图谱，详细说明功能化复合材料对氧化锆红外发射性能的影响情况。

表 4.7　改性氧化锆的红外发射性能

ZrO_2 含量（%）	电气石含量（%）	硝酸铈含量（%）	热处理方法	发射率（%）
100	—	—	25℃	66.6
—	100	—	25℃	79.5
98	2	—	球磨	82.7
96	4	—	球磨	85.3
92	8	—	球磨	83.1

（续）

ZrO₂ 含量（%）	电气石含量（%）	硝酸铈含量（%）	热处理方法	发射率（%）
98	2	—	1200℃烧结 2h	85.8
96	4	—	1200℃烧结 2h	88.2
92	8	—	1200℃烧结 2h	86.5
98	2	—	1200℃烧结 4h	92.5
96	4	—	1200℃烧结 4h	94.8
92	8	—	1200℃烧结 4h	93.2
98	2	—	1300℃烧结 2h	88.9
96	4	—	1300℃烧结 2h	89.5
92	8	—	1300℃烧结 2h	88.2
97	2	1	1200℃烧结 4h	92.9
95	4	1	1200℃烧结 4h	95.1
91	8	1	1200℃烧结 4h	93.8

图 4.11 所示为功能化义齿陶瓷材料的红外发射率图谱。

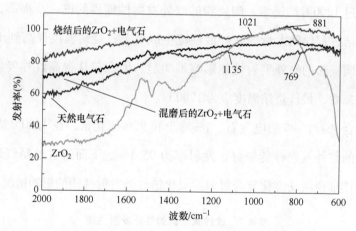

图 4.11　功能化义齿陶瓷材料的红外发射率图谱

如图 4.11 所示，除在 8.8~13μm（1135~769cm⁻¹）较短的波段内，电气石的红外发射性能低于氧化锆外；在 5~8.8μm（2000~1135cm⁻¹）和 13~16.6μm（769~600cm⁻¹）大部分的波段内，电气石的红外发射性能明显高于氧化锆。当电气石与氧化锆混磨后，混合陶瓷粉的红外发射性能略高于电气石；经过热处理的混合陶瓷粉在 $5 \sim 16.6 \mu m$（$2000 \sim 600 cm^{-1}$）整个波段内的红外发射性能进一步提高，与表 4.7 的结果一致。

图 4.12 所示为功能化义齿陶瓷材料的红外发射能图谱。

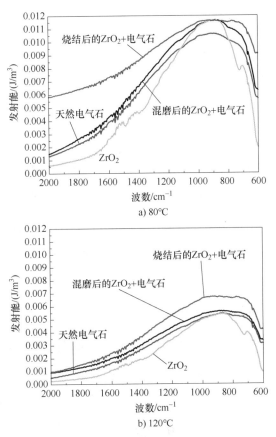

图 4.12　功能化义齿陶瓷材料的红外发射能图谱

如图 4.12 所示，在温度为 80℃时，样品的红外发射能的图谱与其红外发射率图谱基本一致；在温度为 120℃时，样品的红外发射能图谱与其红外发射率图谱也基本一致。进一步说明球磨和烧结后，功能化活性复合材料可以明显提高氧化锆的红外发射性能。

3. 红外吸收性能

图 4.13 所示为功能化义齿陶瓷材料的 FTIR 图谱。

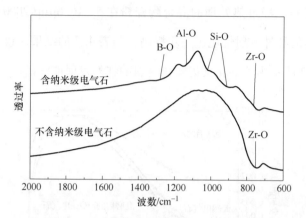

图 4.13　功能化义齿陶瓷材料 FTIR 图谱

如图 4.13 所示，功能化义齿陶瓷材料在多处有吸收峰，其中 7.8μm（1275cm⁻¹）、8.6μm（1150cm⁻¹）、11.1μm（898cm⁻¹）和 13.3μm（750cm⁻¹）的吸收峰，分别对应 B-O、Al-O、Si-O 和 Zr-O 的伸缩振动。氧化锆的红外吸收图谱中，只在 13.3μm（750cm⁻¹）附近有 Zr-O 的伸缩振动，功能化义齿陶瓷材料的其他吸收峰均来自电气石。说明电气石增加了功能化义齿陶瓷材料中红外活性键的数量。

任何高于绝对零度的物体，都会不断地发射能量，同时也不断地吸收能量。德国著名物理学家哥斯塔夫·基尔霍夫根据热动力学原理，建立了红外辐射理论，提出了基尔霍夫定律，其数学表达式为

$$\frac{M_{\lambda 1}}{a_{\lambda 1}} = \frac{M_{\lambda 2}}{a_{\lambda 2}} = E_\lambda \tag{4.5}$$

式中，M 为物质的辐射能力；a 为吸收度；E_λ 为黑体对同一波长的单体辐射度。

从式（4.5）可以看出，一个好的吸收体也必然是个好的发射体。因此根据基尔霍夫定律可知，义齿陶瓷材料中红外活性键数量的增加，必然会提高其红外发射性能。故而从理论和实验两方面，共同解释了功能化活性复合材料可以提高氧化锆红外发射性能的原因。

4. SEM 分析

为获得接近理论密度的瓷坯，必须把控烧结过程，烧结工艺是陶瓷制造过程中的关键技术。烧结过程实际上是通过质点和空位的扩散及其物料传输过程而完成致密化的过程，也是一个以大晶粒为中心、不断生长，而小晶粒不断减少以至消失的过程。当许多晶粒同时生长，经过一段时间的晶界迁移和晶粒长大后，从不同生长中心出发而生长的晶粒必将相遇，于是形成紧密堆积的多边形集合体，这就是多晶陶瓷结构，即陶瓷织构。

图 4.14~图 4.16 所示为功能化义齿陶瓷材料的 SEM 照片。

如图 4.14~图 4.16 所示，烧结后，氧化锆晶型完整，呈明显的多边形，但晶粒不均匀，晶粒直径在 0.1~1μm 之间。在氧化锆晶粒之间，有少量小颗粒存在，粒径为 50~200nm，表面略显粗糙，明显区别于氧化锆的形貌特征。经过扫描探针分析（图 4.17），发现这些颗粒中存在较多的 Al、B、Fe 等元素，根据表 4.1 列出的电气石主要化学成分可以判断出此类元素来自电气石。

a) 10000倍

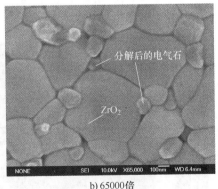

b) 65000倍

图 4.14　功能化义齿陶瓷材料在 1200℃保温 2h 的 SEM 照片

在 1200℃烧结 2h，氧化锆晶界已不明显，说明烧结温度已经达到其相变点；但氧化锆和电气石之间的相界明显，且有较多空隙存在，在该

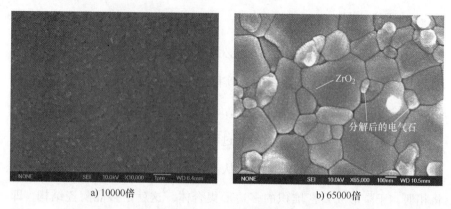

a) 10000倍　　　　　　　　b) 65000倍

图 4.15　功能化义齿陶瓷材料在 1200℃保温 4h 的 SEM 照片

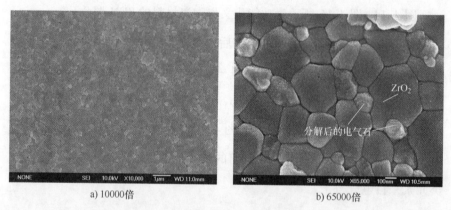

a) 10000倍　　　　　　　　b) 65000倍

图 4.16　功能化义齿陶瓷材料在 1300℃保温 4h 的 SEM 照片

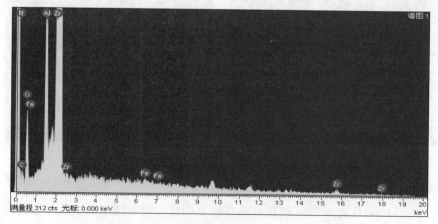

图 4.17　功能化义齿陶瓷材料在 1200℃保温 4h 的能谱图

烧结条件下，并未形成致密结构。在同一温度下延长烧结时间到 4h，发现氧化锆与电气石之间的空隙逐渐消失；当温度提高到 1300℃，烧结 2h 后，致密程度与 1200℃烧结 4h 无明显区别。说明在 1200℃烧结 4h，就已基本达到陶瓷烧结的致密性要求。

5. XRD 分析

图 4.18 所示为功能化义齿陶瓷材料的 XRD 图谱。

如图 4.18a 所示，可以看出，烧结前，陶瓷粉主要由二氧化锆和电气石组成，二氧化锆的特征衍射峰明显，且为单斜相的氧化锆（m-ZrO_2 的面间距和晶格指数：3.698（110）、3.639（011）、3.165（-111）、2.841（111）等；

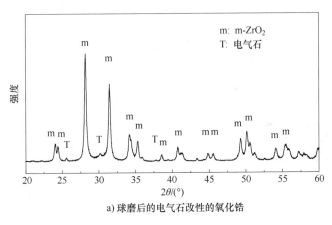

a) 球磨后的电气石改性的氧化锆

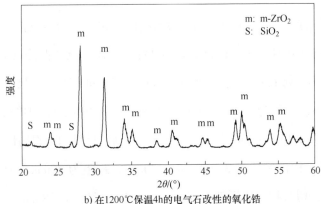

b) 在1200℃保温4h的电气石改性的氧化锆

图 4.18　功能化义齿陶瓷材料的 XRD 图谱

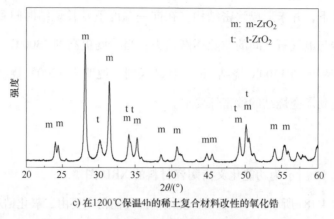

c) 在1200℃保温4h的稀土复合材料改性的氧化锆

图 4.18 功能化义齿陶瓷材料的 XRD 图谱（续）

空间群：P21/a（14）；JCPDS：37-1484），其中电气石特征衍射峰比较微弱，说明电气石含量偏低；如图 4.18b 所示，可以看出，烧结后，电气石的特征衍射峰消失，说明在此温度下，电气石已经分解；如图 4.18c 所示，可以看出，在1200℃保温 4h 稀土复合材料改性的氧化锆，出现了立方相的氧化锆（$t\text{-}ZrO_2$），约占总氧化锆含量的 10%，立方相的氧化锆具有增韧氧化锆的作用，其力学性能将会大幅提高。

6. 实际服役性能

对于实际服役性能方面主要考察功能化义齿陶瓷材料的力学性能和生物相容性。

1）采用新三思（深圳）实验设备有限公司生产的微机控制电子万能试验机（CMT6104）测试材料的力学性能。采用三点弯曲法（Three-Point Bending）测试材料的抗弯强度（Flexural Strength），样件尺寸为 3mm×4mm×30mm，跨距为 20mm，加载速度为 0.5mm/min；采用单边切口值通梁法（Single Edge V-Notch Beam，SEVNB）测试材料的断裂韧性（Fracture Toughness），样件尺寸为 3mm×4mm×30mm，跨距为 20mm，加载速度为 0.05mm/s，切口槽深为样件高度的 1/2 左右，槽宽<0.28mm。

经过初步的力学性能表征，功能化义齿陶瓷材料的抗弯强度均大于

380MPa，断裂韧性大于 3.5MPa·m$^{1/2}$。力学性能满足国际标准 ISO 6872[98] 对牙科陶瓷的要求：强度最低要求 300MPa，韧性最低要求 3.0MPa·m$^{1/2}$。因此功能化义齿陶瓷材料的力学性能完全能够满足全瓷冠应用的需求。

2）良好的生物相容性是生物材料应用于生物体的重要前提，也是保证临床安全应用的重要技术指标，因此对材料的生物学评价是十分必要的。生物学评价方法种类很多，可归纳为体外试验、动物试验和临床应用试验三类基本试验。根据国际标准 ISO 7405[99] 对牙科材料的生物学评价的分类，本书研究的材料类别为第二类假牙修复材料 2.3e，为人工牙，应进行溶血试验、短期全身毒性试验、致敏试验、显性致死试验、口腔黏膜刺激试验。本书研究选择溶血试验、短期全身毒性试验和致敏试验对生物相容性做初步的评价，为其今后在临床上的安全应用提供生物性能方面的试验依据。

根据国际标准 ISO 7405[99] 的要求，在试验中阳性对照组吸光度应在 0.5~0.8 范围内，阴性对照组吸光度应小于 0.03。本试验阴性、阳性对照组的测试值均符合要求，见表 4.8。溶血程度可计算为

$$溶血程度 = \frac{试验样品吸光度 - 阴性对照吸光度}{阳性对照吸光度 - 阴性对照吸光度} \times 100\% \quad (4.6)$$

一般来讲，如果溶血率小于 5%，则可认为材料不溶血。本试验溶血率不超过 1%，溶血试验为阴性，并与阴性对照无显著差异，故该材料不会引起溶血。

表 4.8　吸光度及溶血率测试

样品	吸光度			溶血率（%）
	样品 A	样品 B	样品 C	
阴性对照	0.021	0.019	0.020	
阳性对照	0.612	0.619	0.611	

（续）

样品	吸光度			溶血率（%）
	样品 A	样品 B	样品 C	
ZT	0.022	0.025	0.024	0.65
ZTC	0.023	0.024	0.022	0.49

为了检测牙科材料的生物相容性，细胞毒性试验常常是材料初选时的必测项目。试验中，各浓度试验组的细胞增殖曲线都与阴性对照组走势相似，与阳性对照组差别明显。转化为毒性评级，则为 0 级，即该材料属于惰性材料，不会干扰生物细胞的正常功能。阴性对照组与试验组在加强致敏及激发试验后均未见试验部位有红斑水肿现象，根据评级标准说明材料无致敏作用。功能化义齿陶瓷材料溶血试验阴性，毒性评级为 0 级，无致敏作用，可以初步认为功能化义齿陶瓷材料对人体是安全的。

4.5 小结

1）电气石与不同含量（质量分数）稀土铈（2%～15%）在不同热处理温度（400～800℃）下复合，其中以 6%稀土铈与电气石在 600℃保温 3h 条件下效果最佳，可使电气石远红外发射率从 86%提高到 94%。通过 XPS 直接深入研究温度和稀土含量对电气石晶胞体积的影响机理，发现 Ce^{4+} 可促进电气石中 Fe^{2+} 的氧化，与电气石中 Fe^{2+} 可促进 Ce^{4+} 的还原相互对应，共同证明稀土铈可促进电气石晶胞体积的收缩，解释了铈元素可提高电气石远红外发射性能的原因。根据电气石的电极性、铈元素的易变价性和 CeO_2 传递氧特性，以及 TEM、XRD、XPS 分析结果，建立了稀土铈促进电气石中 Fe^{2+} 氧化模型。

2）根据稀土镧可提高 CeO_2 的氧化还原特性，将电气石与不同含量（质量分数）稀土铈、镧复合，发现 92%电气石、6%稀土铈、2%稀土镧在 600℃保温 3h 条件下，可进一步促进电气石晶胞体积的收缩，最终共同提高了电气石远红外发射性能。

3）电气石作为功能化活性添料，在低温应用中，可通过促进电气石晶胞体积的收缩来改善其红外发射性能；而在高温应用中，红外活性键的数量对红外发射性能起着决定性的作用。通过研究发现，稀土复合材料可以明显改善氧化锆的红外发射性能，其中 4%的电气石和 1%稀土铈改性的氧化锆，经过 1200℃烧结 4h 的功能化义齿陶瓷粉的红外发射率最高，可以将氧化锆的红外发射率从 66.6%大幅提高到 95.1%。

4）功能化义齿陶瓷材料具有良好的力学性能，抗弯强度均大于 380MPa，断裂韧性大于 3.5MPa·$m^{1/2}$，力学性能满足国际标准 ISO 6872 对牙科陶瓷的要求（强度最低要求为 300MPa，韧性最低要求为 3.0MPa·$m^{1/2}$）。功能化义齿陶瓷材料的溶血试验为阴性，毒性评级为 0 级，无致敏作用，可以初步认为功能化义齿陶瓷材料对人体是安全的，因此有望作为功能化义齿材料应用于人工牙冠的数字化成形制造。

第 5 章

功能化构件的数字化成形与实验研究

5.1 引言

通过对功能化义齿材料的制备及性能研究，已获得可以应用于制造义齿的功能化陶瓷材料，并且第 3 章中已成功开发出基于微流挤压成形原理的选择性浆料挤压快速成形系统，用此快速成形系统是否可以顺利加工成形出与其 CAD 模型一致的功能化义齿将是本章主要讨论的问题。数字化制造义齿，其数字化模型是必不可少的，本章首先应用 SimPlant Pro 软件设计出个性化的义齿 CAD 模型；然后根据微流挤压成形对陶瓷浆料的流变学性能的要求，研究功能化活性材料对浆料流变学性能的影响情况；最后依据选定的功能化义齿陶瓷浆料，研究成形工艺参数对义齿成形性的影响，最终根据优化的成形参数，完成义齿从数字模型到功能化义齿的数字化制造过程。

5.2 义齿数字化模型的准备及有限元分析

为满足不同病人牙齿的复杂的个性化外形特点及功能化需求，将比利时 Materialise Dental 公司的 SimPlant Pro 三维交互式牙齿种植计算机辅助设计软件（CAD）与先进的选择性浆料挤压快速成形技术（CAM）相结合，来解决人工牙齿的个性化设计与制造一体化问题[100]。该技术可提供一种耗时少、成本低、美观且兼具功能化的人工牙齿修复技术。

　　整体实现方法：首先将病人的牙齿 CT 扫描图片文件导入 SimPlant Pro 软件，经三维重建、分离，再交互式地规划和设计种植钉、手术导板、虚拟牙冠，确定并输出虚拟牙冠的 STL 文件；然后将 STL 文件通过加支撑和分层处理后，保存为 CLI 文件；最后将 CLI 文件导入选择性浆料挤压快速成形机进行分层制造，完成牙冠的个性化定制。SimPlant Pro 软件系统是一款专为口腔种植研发的交互式计算机辅助种植手术软件，该软件使种植体的放置成为可预知而非猜测的工作。与传统的金属烤瓷牙（PFM）工艺相比，这项人工牙齿修复技术可实现临床一次性就诊的要求。

　　本节根据种植体与虚拟牙冠的相交情况，定制义齿数字化模型。将数字化模型转换成物理模型的 3D 打印过程将在本章的 5.4 节具体介绍。

5.2.1　牙冠设计

　　口腔种植是近几十年来发展较快的一种重要的口腔修复方法。为提高医疗诊断和治疗规划的准确性和科学性，由二维断层图像转变为具有直观立体效果的三维图像，一直是国内外的研究热点。

　　在获取二维断层图像时，患者一般会佩戴扫描假牙，而扫描假牙就是理想的修复后效果。借助扫描假牙，医生更容易判断种植体的植入位置。若患者不佩戴扫描假牙，SimPlant Pro 则提供了虚拟牙的功能，可以恰当地模拟修复后的牙冠，由此可进一步得到美观的种植体植入位置。图 5.1 所示为病人的下颌 CT 图像和采用 James 博士设计的个性化虚拟牙冠。

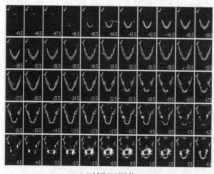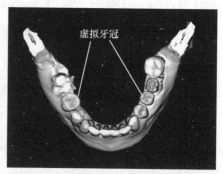

a) 下颌CT图像   b) 个性化设计的虚拟牙冠

图 5.1　下颌 CT 图像和个性化设计的虚拟牙冠

图 5.1a 所示为病人下颌的 55 张 CT 扫描图片，从图中可以看出病人共缺失四颗牙齿，图 5.1b 所示为经过 SimPlant Pro 个性化设计的四颗虚拟牙冠。

5.2.2　种植体设计

种植体包括种植钉（Implant）和桥接体（Abutment）。种植手术过程中，种植体之间的距离、种植体与牙体之间的距离、种植体与齿槽神经的距离都是在植入种植体时需要充分考虑的因素。SimPlant Pro 有自动检测干涉碰撞的功能，该软件对这些距离设置了安全空间范围。当植入种植体时，一旦这些距离小于安全值，系统会直接弹出报警提示，以避免设计疏漏。当种植体的修复空间出现交叉情况时，SimPlant Pro 同样会给出提醒。图 5.2 所示为采用 SimPlant Pro 设计的种植体，包括种植钉和桥接体。

5.2.3　手术导向模板

在临床上，手术导向模板（SurgiGuide/Surgical Guide）作为最终信息载体，可以将牙种植手术的设计思想通过术中模板的精确定位和引导来实现，这对于种植修复这一复杂工程的安全性及功能与美学效果兼顾均具有重要的临床意义。

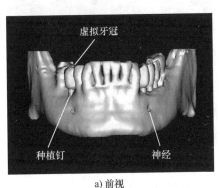

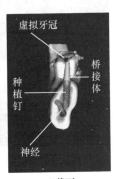

a) 前视　　　　　　　　　　b) 侧视　　　　　　　　c) 截面

图 5.2　种植体

手术导向模板根据支撑部位的不同可分为三类：①骨支撑手术导向模板——骨支撑的 SurgiGuide 安置在患者的颌骨上，适用于无牙或部分无牙患者；②黏膜支撑手术导向模板——黏膜支撑的 SurgiGuide 安置在患者颌部的软组织上，适用于完全无牙的患者；③牙齿支撑手术导向模板——牙齿支撑的 SurgiGuide 安置于患者的颌面软组织和残留牙齿上，适用于单牙或少量牙齿缺失的患者。牙齿支撑是微创伤术的极佳选择，因为所有的种植都通过 SimPlant Pro 预先设计，并且完全预测到骨信息，不需要在骨边缘切割进行钻孔和放置种植体，而只需通过黏膜穿微孔，就能引导种植体的精确放置。

图 5.3 所示为通过 SimPlant Pro 设计的牙齿支撑手术导向模板，能够输出 STL 格式的模型文件，为义齿快速制造提供数字化模型。

5.2.4　牙冠三维有限元力学分析

将前面 SimPlant Pro 生成的虚拟牙冠输出为 STL 格式的文件，用 Magics RP 软件处理牙冠与种植体的相交部分，生成个性化的牙冠模型

（STL 格式），结果如图 5.4 所示。

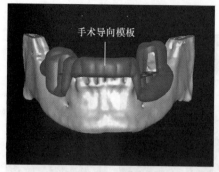
a) 牙齿支撑手术导向模板

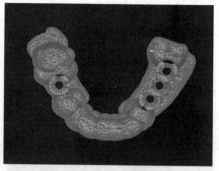
b) STL格式CAD模型

图 5.3　牙齿支撑手术导向模板及其 STL 格式 CAD 模型

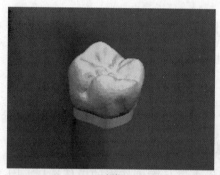
a) 侧视

b) 仰视

图 5.4　三维虚拟牙冠数字模型（STL 格式）

将图 5.4 所示的牙冠模型导入有限元软件进行网格划分及分析。根据文献［29］记载模拟最大咬合力，沿牙长轴方向垂直施加载荷 700N 于下颌第一磨牙咬合面，获得第一磨牙全瓷冠修复后的应力分布情况，计算功能化陶瓷材料全瓷冠的应力值。图 5.5 所示为牙冠三维有限元模型应力分布云图。

如图 5.5 所示，可以看出，全瓷冠受垂直载荷时，咬合力顺着牙冠、牙颈方向依次传递，呈现应力递减趋势，与以往的研究结果相一致。大量的研究表明陶瓷是耐压力但不耐张力的脆性材料，全瓷冠可承受较大的压应力，只能承受较小的张应力和剪切应力，在张应力集中的部位较易引起全瓷冠的破坏。如图 5.5 所示，可以看出，全瓷牙冠的张应力最大值为 88.7MPa，小于通过试验测得的结果 300MPa，说明功能化义齿陶瓷材料可以用于制作后牙全瓷冠。

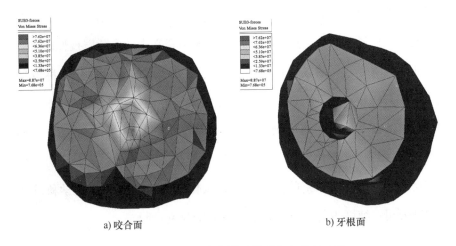

a) 咬合面　　　　　　　　　　　　　b) 牙根面

图 5.5　牙冠三维有限元模型应力分布云图

5.3　功能化义齿的陶瓷浆料制备及性能测试

陶瓷浆料微挤压成形是指在陶瓷粉料中加入适量的水形成相对稳定的悬浮液，用微挤压成形设备将陶瓷浆料逐层挤出，最终制造出提前设计的三维实体。陶瓷浆料成形的关键是获得工艺性能良好的浆料，其主要要求包括：浆料的流动性好，以利于浆料顺利流过微挤出头；稳定性好，保证浆料在较长时间存放时不发生沉淀、分层和触变性变坏；在保证流动性的情况下，固含量应尽可能大，以减少成形时间、收缩率、坯体的变形和开裂；浆料中应尽量不含气泡，否则会影响致密性。

5.3.1　陶瓷浆料的制备

功能化陶瓷牙齿的陶瓷浆料采用简单的球磨法制备水基陶瓷浆料，水基陶瓷浆料可避免陶瓷坯体在烧结过程中的排胶行为，因此也就解决了因排胶不完全对陶瓷制品造成的不良影响，如陶瓷强度降低、生物相容性变差、色泽灰暗等，而这些将严重影响陶瓷义齿的实际服役性能。

功能化陶瓷浆料的具体制备过程：首先按一定的重量百分比称取功能化活性材料和氧化锆陶瓷粉，混合均匀后将其放入球磨罐中，随后添加一定量的去离子水并调成糊状，在球磨罐中球磨 24h 后，经过真空抽滤处理，最终制成固含量为 75% 的水基功能化陶瓷浆料。其中，功能化活性材料采用第 4 章介绍的方法制备；氧化锆陶粉购自天津大学科威化学制剂公司，纯度为化学纯；去离子水为实验室自制。

5.3.2　陶瓷浆料性能测试方法及测试仪器

球磨机为淄博启明星新材料股份有限公司生产的 XQM4 型行星球磨机；黏度测试采用上海平轩科学仪器有限公司生产的 NDJ-9S 数显黏度计；pH 值测定采用上海光学仪器厂生产的 PHS-3B 精密 pH 计；等电点的测试采用美国 PSS（Particle Sizing Systems）粒度仪公司生产的 Nicomp380 ZLS 型激光粒度测定仪。

5.3.3　陶瓷浆料流变学性能研究

流变学是研究外力作用下体系变形和流动特性的学科。从力学角度分析微挤压成形过程可以看出，其中非常重要的一个方面是陶瓷浆料的流动与变形，因此，进行流变学的研究对选择性浆料挤压沉积（SSED）工艺有极为重要的理论与实际意义。在实际的挤压成形中涉及最多的是

幂律流体（Power Law Fluids），其经验方程为

$$\eta = \eta_0 S^{(n-1)} \tag{5.1}$$

式中，η、η_0 分别表示浆料和液体介质的黏度，单位为 $Pa \cdot S$；S 为剪切速率，单位为 s^{-1}；η_0 和 n 为常数。本研究中 η_0 为去离子水的黏度值，即 $43Pa \cdot S$。

因此，对于流变学性能的研究，主要就是黏度的评价表征问题。而陶瓷料浆的 pH 值对其黏度和流变学性能有非常大的影响。

1. 功能化活性材料对等电点的影响

图 5.6 所示为功能化活性材料对义齿陶瓷浆料等电点的影响情况，陶瓷浆料的固含量为 65%。

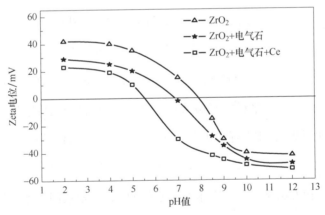

图 5.6 功能化活性材料对义齿陶瓷浆料等电点的影响

如图 5.6 所示，可以看出，陶瓷浆料的 Zeta 电位与 pH 值呈函数关系，功能化义齿陶瓷的等电点电位大约在 6.0 左右，这个值位于氧化锆（8.0）与电气石（5.4）的等电点电位之间。因为氧化锆和电气石是义齿陶瓷的主要组分，所以义齿陶瓷粉末的等电点电位明显受到这两种组分相互作用的影响。可以看出，在 pH<4.0 或 pH>7.5 时功能化义齿陶瓷料浆相对比较稳定，因为 pH 值在这两个范围内的粉末微粒大部分是带正电

荷（pH<4.0）或者大部分带负电荷（pH>7.5）。而表面带有相同电荷的粒子之间会产生较大的斥力，因此防止了粒子间的聚集而形成了稳定的陶瓷料浆。相比之下，pH 值在 4.0~7.5 之间的陶瓷浆料是不稳定的，原因在于颗粒表面电荷为零或者近似于零所导致的颗粒聚集。

如图 5.6 所示，还可以看出，功能化活性材料可以增加氧化锆颗粒表面的电动势绝对值，电动势绝对值的增加可以改善陶瓷浆料的稳定性。这有可能是由于纳米级电气石包覆在亚微米级氧化锆颗粒的表面，而纳米级电气石表面带有极强的电场，导致氧化锆颗粒表面的电动势绝对值增加。陶瓷浆料的稳定性是衡量浆料的重要标志。良好的稳定性可以保证陶瓷浆料在较长时间存放时不发生沉淀、分层和触变性变坏。

通过分析挤出陶瓷线条的横截面的几何形状，可以得出在 pH = 9.3 时料浆很稳定，有比较低的黏度，导致浆料离开喷嘴后会连续流动，然后与底面以 40° 的小接触角形成弧形。在 pH = 8.0 时，浆料的黏度增加，因此浆料在底面上流动性降低，结果导致接触角增大到 60°。在 pH = 5.5 时（达到等电点），浆料具有假塑性，结果导致挤出陶瓷线条侧面与底面的角度增加到 95°，很明显是由于浆料离开喷嘴后横截面的形状几乎没有发生变化。当接触角为 90° 时，挤压出陶瓷线条的横截面形状接近矩形，这对于用逐层堆积方法制造三维实体来说是有利的，也是我们所希望的。

基于以上分析，pH 值近似在 7.0~7.5 之间的浆料能够产生具有合适黏度的假塑性浆料，这是因为在 pH = 5.5 时，浆料变得不稳定并且带有很高的黏度，而当 pH>7.0 时，浆料变得非常稳定。因此，如果没有特殊说明，以后的研究都是在陶瓷料浆的 pH 值在 7.0~7.5 之间来讨论。

2. 功能化活性材料对陶瓷浆料黏度的影响

陶瓷浆料不仅要有良好的稳定性，还要具有一定的流动性，以保证浆料能够从微挤压装置中顺利挤出。陶瓷浆料的流动性主要由黏度决定。

图 5.7 所示为功能化活性材料对义齿陶瓷浆料黏度的影响情况。

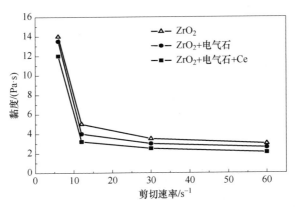

图 5.7　功能化活性材料对义齿陶瓷浆料黏度的影响

如图 5.7 所示，可以看出，在 pH = 7.5 时，陶瓷浆料属于假塑性流体。而挤出陶瓷线条的横截面的几何形状依赖于陶瓷浆料的流变性能，具有假塑性的陶瓷浆料在可成形性方面具有较理想的效果，假塑性陶瓷浆料一般可以生成接近于矩形的横截面，它们具有相对垂直的壁和比较平坦的边，这是因为陶瓷浆料与喷嘴分开后，剪切应力随之消除，陶瓷浆料也就很快僵化凝固。

如图 5.7 所示，还可以看出，功能化活性材料可以增加陶瓷浆料的流动性，而较好的流动性及合适的黏度有利于陶瓷浆料的顺利挤出。这一结果与图 5.6 所示结果一致。根据经验公式，可以计算功能化陶瓷浆料常数 n 为 0.35，这样就可以通过理论计算来判断功能化陶瓷浆料的流变性能，为之后的数字化成形参数优化提供试验数据。

5.4　功能化义齿的快速数字化制造

根据功能化义齿陶瓷浆料性能和成形参数的分析研究，首先确定了陶瓷浆料的固含量、pH 值等性能参数，保证浆料具有较好的流动性和较长时间的稳定性。然后根据确定的功能化义齿陶瓷浆料的性能，优化数字化成形工艺参数，进而选取了一组最优工艺参数，包括喷嘴直径、喷嘴高度、挤出率和喷嘴移动速度，并采用优化的成形工艺来实现功能化义齿的快速数字化制造。最后又进一步分析研究数字化制造过程对功能化义齿成形精度的影响，以及成形工艺对功能化义齿整体实际服役性能的影响。

5.4.1 功能化义齿制造前处理

图 5.4 所示的 STL 格式的义齿数字模型由软件系统中数据处理模块进行处理，生成 CLI 格式的文件，以此驱动微流挤压快速成形机制造义齿。数据处理过程包括定向、加支撑和分层。图 5.8 所示即为数据处理后的牙冠模型层片的轮廓信息和填充信息。

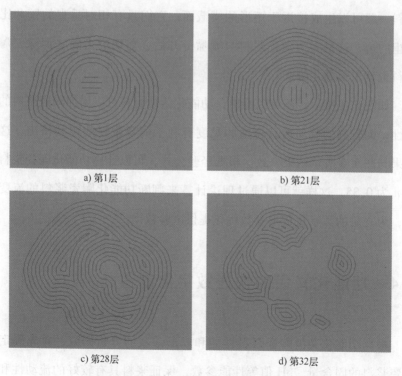

a) 第1层   b) 第21层

c) 第28层   d) 第32层

图 5.8 虚拟牙冠分层情况

图 5.8 所示红色和蓝色的偏置线为牙齿材料信息，绿色平行线为支撑材料信息。图 5.8a~d 所示分别为第 1 层、第 21 层、第 28 层和第 32 层的层片信息。图 5.8 所示牙冠模型共被分成 37 层。

5.4.2　功能化义齿的制造过程

在快速制造之前，首先选择固含量为 75% 的功能化义齿陶瓷浆料，并调整浆料的 pH 值为 7.5。选择优化后的数字化成形工艺参数：挤出率 0.17mm³/s，喷头移动速度为 3.466mm/s，喷嘴直径为 0.25mm。然后，将 5.2 节中获得的义齿数字化模型，经过软件系统中的数据处理模块的处理，得到一系列层片信息（图 5.5），层片信息经过软件系统的成形机控制模块处理，转化成数控代码来控制成形喷头的运动和陶瓷浆料的挤出，逐层加工，相邻层自然连接，直至所有的层面加工完毕，即可得到功能化陶瓷义齿。图 5.9 所示为功能化义齿的数字化制造过程。

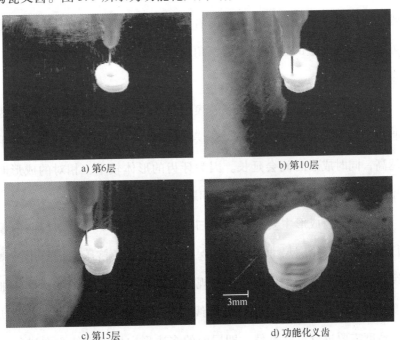

a) 第6层　　　　　　　　　　b) 第10层

c) 第15层　　　　　　　　　　d) 功能化义齿

图 5.9　功能化义齿的数字化制造过程

图 5.9a~c 所示分别为快速成形机制造义齿第 6 层、第 10 层和第 15 层的情况；图 5.9d 所示为制造完成的功能化陶瓷义齿。可以看出，微流挤压成形的功能化义齿与其 CAD 模型（图 5.4）基本一致，说明选择性浆料挤压沉积（SSED）工艺可以制造具有复杂曲面的功能化陶瓷义齿。牙冠的制造时间一般在 20~40min。

5.4.3　功能化义齿制造精度分析

除了 5.3 节和 5.4 节中讨论的，成形精度要受到浆料流变学性能及成形参数的影响，还有其他几个方面的影响，现在总结如下。

1. 模型数据处理对成形精度的影响

STL 格式的模型是通过三角面片来逼近原始 CAD 模型的，那么就会有误差存在。精度要求越高，三角形面片的数量越大，表示的模型与真实模型就越接近；但同时 STL 文件的数据量也将激增，加大了后续数据处理的运算量。另外，三角面片随着精度的提高而面积变小，模型的细节处就会出现大量的极为细小的三角面片，也会增大后续数据处理的运算量。

分层厚度直接影响成形精度、表面粗糙度及成形时间等，是义齿快速制造中最为重要的参数之一。分层厚度越小，台阶效应越小，成形精度越高，同时成形时间会延长。因为牙齿的形体较小，相对的成形时间较短，故成形精度才是优先考虑的问题。

本书的义齿成形主要选择偏置扫描，是按照轮廓形状层层向内偏置进行扫描，外形轮廓尺寸精度容易保证。但由于微挤压系统挤出的微陶瓷线具有一定的直径，根据挤出嘴规格及其相关工艺参数的不同，细丝宽度在 0.05~1mm 之间。实际轮廓线与分层轮廓总有一定的偏差，所以细丝宽度需要进行尺寸补偿，即层面的多边形向层面实体方向进行一定距离的偏置处理，具体到每个轮廓线，则根据其边界的内、外性质来确定偏置补偿方向，内环向外偏，外环向内偏。偏置后的轮廓线即为实际挤压嘴中心的数控轨迹线。

2. 数控系统对成形精度的影响

义齿的快速制造是一个两轴半的联动过程。X、Y 方向的两个坐标轴联动控制层面的成形，而 Z 方向则控制微挤压头的升降。数控系统和导轨的位移控制精度，包括定位精度、重复定位精度等，将直接影响义齿成形精度。X 和 Y 方向联动可实现准确的圆弧差补运动；数控系统（包括导轨、伺服电机）的控制精度均小于十微米，所以对成形精度影响很小，可以忽略。工作平台与 Z 方向的垂直度，微挤压头的扫描平面与加工平台的平行度也会对成形精度有所影响，这主要通过设备调试来解决。

3. 陶瓷浆料的收缩对成形精度的影响

陶瓷浆料在制造加工过程中有两次收缩过程，分别出现在干燥过程和烧结过程。在干燥过程主要是失水收缩；而在烧结过程开始阶段存在部分失水收缩，后来主要是烧结致密化过程。这两个过程中体积的收缩率对成形精度存在较大影响，并对实际服役性能也具有较大影响。可以通过设计时对体积进行收缩补偿的方法来提高成形精度。本书制造完成的陶瓷义齿坯体在 1200℃烧结 4h 后，通过比较烧结前、后义齿的尺寸发现：在高度方向收缩 23%，在水平方向收缩 21%，收缩率比较接近，近似均匀的收缩保证了局部尺寸的稳定，保证了烧结处理壁的垂直度和壁厚的均匀性。而高度方向收缩率略高可能是由于半固体的陶瓷浆料受到重力影响。

5.4.4 成形工艺对功能化义齿服役性能的影响

1. 功能化性能

采用德国布鲁克公司 VECTOR 22 和 VERTEX 80v 型傅里叶变换红外光谱仪测试数字化成形的陶瓷义齿材料的红外发射性能，图 5.10 所示为数字化成形后功能化义齿材料的红外发射率图谱。通过分析测试结果发现：成形后功能化义齿在 $5\sim16.6\mu m$（$2000\sim600cm^{-1}$）波段内的红外发射率为 95.0%，与成形前的 95.1% 非常接近（图 4.11），说明数字化成形过程对其红外发射性能几乎没有影响。

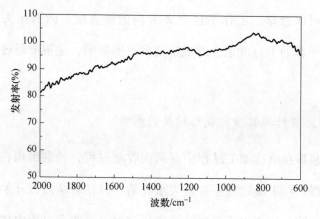

图 5.10　数字化成形后功能化义齿材料的红外发射率图谱

2. 基本性能

1）采用三点弯曲法测量数字化成形后功能化义齿材料的抗弯曲强度；采用单边切口梁法（Single Edge Notch Beam，SENB）测量数字化成形后功能化义齿材料的断裂韧性，测试样件如图 5.11 所示。经过初步的力学性能表征，功能化义齿材料的抗弯强度均大于 310MPa，断裂韧性大于 $3.2MPa\cdot m^{1/2}$，与采用等静压成形实体的力学性能相比略有下降，但仍满足国际标准 ISO 6872 对牙科陶瓷的要求：强度最低要求 300MPa，韧性最低要求 $3.0 \mathrm{MPa} \cdot \mathrm{m}^{1/2}$。

图 5.11　数字化成形的力学测试样件

2）根据国际标准 ISO 7405 牙科材料的生物学评价的要求，通过溶血试验、短期全身毒性试验、致敏试验对数字化成形后功能化义齿材料的生物相容性做初步的评价，发现其溶血试验阴性，毒性评级为 0 级，无致敏作用，可以初步认为功能化义齿对人体是安全的。

5.5　小结

为满足不同病人牙齿的复杂的个性化外形特点及功能化需求，将比利时 Materialise Dental 公司的 SimPlant Pro 三维交互式牙齿种植计算机辅助设计软件（CAD）与先进的选择性浆料挤压快速成形技术（CAM）相结合，提出一种耗时少、成本低、美观、兼具功能化的人工牙齿修复技术，解决了人工牙齿的个性化设计与制造一体化问题。与传统的烤瓷牙（PFM）工艺相比，这项人工牙齿修复技术可以实现临床一次性就诊的要求。

功能化活性材料可以改善氧化锆陶瓷浆料的流变学性能，原因在于：表面带有极强电场的纳米级电气石微粒包覆在亚微米级氧化锆颗粒表面，导致浆料电动势绝对值的增加，进而改善了陶瓷浆料的稳定性；并且这种浆料呈现一定的假塑性，而假塑性陶瓷浆料是获得具有矩形横截面的挤压成形陶瓷微线的一个基本条件。

除了浆料的流变学性能和底面的润湿性的影响外，挤压成形工艺参数也是影响挤压成形陶瓷微线横截面几何形状的一个重要因素，成形工艺参数包括：喷嘴高度、喷嘴移动速度、挤压率和临界喷嘴高度。想要得到近似矩形横截面的陶瓷微线和具有一定尺寸精度的三维陶瓷义齿，均匀的壁厚、良好的壁垂直度、无壁塌陷都需要恰当地优化这些成形工艺参数。

参 考 文 献

［1］中华人民共和国中央人民政府. 第四次全国口腔健康流行病学抽样调查结果发布 ［EB/OL］.（2017-09-20）［2022-04-12］http://www.gov.cn/xinwen/2017−09/20/ content_5226224.htm.

［2］KANZOW P, WIEGAND A, GOESTEMEYER G, et al. Understanding the management and teaching of dental restoration repair: rystematic review and meta-analysis of surveys ［J］. Journal of Dentistry, 2018, 69: 1-21.

［3］LASKE M, OPDAM N J M, BRONKHORST E M, et al. Risk factors for dental resto-ration survival: a practice-based study ［J］. Journal of Dental Research, 2019, 98（4）:414-422.

［4］ZHANG Y, KELLY J R. dental ceramics for restoration and metal veneering ［J］. Dental Clinics, 2017, 61（4）: 797-819.

［5］ZHANG F, VANMEENSEL K, BATUK M, et al. Highly-translucent, strong and aging-resistant 3Y-TZP ceramics for dental restoration by grain boundary segregation ［J］. Acta Biomaterialia, 2015, 16: 215-222.

［6］ARNESANO A, PADMANABHAN S K, NOTARANGELO A, et al. Fused deposition modeling shaping of glass infiltrated alumina for dental restoration ［J］. Ceramics Inter-national, 2020, 46（2）: 2206-2212.

［7］KHATER G A, SAFWAT E M. Preparation and characterization of enstatite-leucite glass-ceramics for dental restoration ［J］. Journal of Non-Crystalline Solids, 2021, 563: 120810.

［8］黄凤萍, 雷建, 李缨. 负离子抗菌复合陶瓷研究 ［J］. 硅酸盐通报, 2006, 25（5）:19-25.

［9］LIANG Y, TANG X, ZHU Q, et al. A review: application of tourmaline in environ-mental fields ［J］. Chemosphere, 2021, 281: 130780.

[10] WANG C, CHEN Q, GUO T, et al. Environmental effects and enhancement mechanism of graphene/tourmaline composites [J]. Journal of Cleaner Production, 2020, 262: 121313.

[11] BRESCHI L, MAZZONI A, RUGGERI A, et al. Dental adhesion review: aging and stability of the bonded interface [J]. Dental Materials, 2008, 24 (1): 90-101.

[12] DOUCET S, TAVERNIER B, COLON P, et al. Adhesion between dental ceramic and bonding resin: quantitative evaluation by vickers indenter methodology [J]. Dental Materials, 2008, 24 (1): 45-49.

[13] ERICKSON R L, DE G A J, FEILZER A J. Effect of pre-etching enamel on fatigue of self-etch adhesive bonds [J]. Dental Materials, 2008, 24 (1): 117-123.

[14] HSUEH C H, THOMPSON G A, JADAAN O M, et al. Analyses of layer-thickness effects in bilayered dental ceramics subjected to thermal stresses and ring-on-ring tests [J]. Dental Materials, 2008, 24 (1): 9-17.

[15] LOHBAUER U, KRER N, PETSCHELT A, et al. Correlation of in vitro fatigue data and in vivo clinical performance of a glassceramic material [J]. Dental Materials, 2008, 24 (1): 39-44.

[16] PATEL T, WONG J. The role of real-time interactive video consultations in dental practice during the recovery and restoration phase of the COVID-19 outbreak [J]. British Dental Journal, 2020, 229 (3): 196-200.

[17] TROIA M G, HENRIQUES G P, MESQUITA M F, et al. The effect of surface modifications on titanium to enable titanium-porcelain bonding [J]. Dental Materials, 2008, 24 (1): 28-33.

[18] 中华人民共和国国务院. 国家中长期科学和技术发展规划纲要 (2006—2020 年) [EB/OL]. [2022-04-12] http://www.gov.cn/jrzg/2006-02/09/content_183787.htm.

[19] 国家自然科学基金委员会. 国家自然科学基金"十一五"发展规划 [EB/OL]. [2022-04-12] http://www.nsfc.gov.cn/nsfc/fzjh10-1-5/fzjh_02.htm.

[20] LAND C H. Porcelain dental art [J]. Dent Cosmos, 1903.

［21］ERCOLI C，CATON J G. Dental prostheses and tooth-related factors［J］. Journal of Periodontology，2018，89（5S）：S223-S236.

［22］ZOIDIS P，PAPATHANASIOU I. Modified PEEK resin-bonded fixed dental prosthesis as an interim restoration after implant placement［J］. The Journal of Prosthetic Dentistry，2016，116（5）：637-641.

［23］吕培军. 计算机辅助设计与计算机辅助制作在口腔医学中应用的过去、现在和将来［J］. 中华口腔医学杂志，2007，42（6）：321-323.

［24］SONG X，YIN L，HAN Y，et al. In vitro rapid intraoral adjustment of porcelain prostheses using a high-speed dental handpiece［J］. Acta Biomaterialia，2008，4（2）：414-424.

［25］STEWART C A，HONG J H，HATTON B D，et al. Responsive antimicrobial dental adhesive based on drug-silica co-assembled particles［J］. Acta biomaterialia，2018，76：283-294.

［26］SONG X，YIN L，HAN Y，et al. Micro-fine finishing of a feldspar porcelain for dental prostheses［J］. Medical Engineering & Physics，2008，30（7）：856-864.

［27］YIN L，SONG X，SONG Y L，et al. An overview of in vitro abrasive finishing & CAD/CAM of bioceramics in restorative dentistry［J］. International Journal of Machine Tools and Manufacture，2006，46（9）：1013-1026.

［28］FUEKI K，IGARASHI Y，MAEDA Y，et al. Effect of prosthetic restoration on oral health-related quality of life in patients with shortened dental arches：a multicentre study［J］. Journal of Oral Rehabilitation，2015，42（9）：701-708.

［29］KELLY J R. Ceramics in restorative and prosthetic dentistry［J］. Annual Review of Materials Science，1997，27（1）：443-468.

［30］DENG Y，RLAWN B，LLOYD I K. Characterization of damage modes in dentalceramic bilayer structures［J］. Journal of Biomedical Materials Research Part A，2002，63（2）：137-145.

［31］PETERSON I M，PAJARES A，LAWN B R. Mechanical characterization of dental ceramics by hertzian contacts [J]. Journal of Dental Research, 1998, 77 (4): 589-602.

[32] PETERSON I M, WUTTIPHAN S, LAWN B R. Role of microstructure on contact damage and strength degradation of micaceous glass-ceramics [J]. Dental Materials, 1998, 14: 80-89.

[33] YIN L, IVES L K, JAHANMIR S. Abrasive machining of glass-infiltrated alumina with diamond burs [J]. Machining Science & Technology, 2001, 5 (1): 43-61.

[34] CARRERA C A, LAN C, ESCOBAR S D, et al. The use of micro-CT with image segmentation to quantify leakage in dental restorations [J]. Dental Materials, 2015, 31 (4): 382-390.

[35] CALES B. Colored zirconia ceramics for dental applications [J]. Bioceramics, 1998, (11): 591-594.

[36] CHEN H, TANG Z, LIU J, et al. Acellular synthesis of a human enamel-like microstructure [J]. Advanced Materials, 2006, 18 (14): 1846-1851.

[37] OH S L, SHIAU H J, REYNOLDS M A. Survival of dental implants at sites after implant failure: a systematic review [J]. The Journal of Prosthetic Dentistry, 2020, 123 (1): 54-60.

[38] CHEN H, CLARKSON B H, SUN K, et al. Self-assembly of synthetic hydroxyapatite nanorods into an enamel prism-like structure [J]. Journal of Colloid and Interface Science, 2005, 288 (1): 97-103.

[39] FUJISHIMA A, ZHANG X, TRYK D A. TiO$_2$ photocatalysis and related surface phenomena [J]. Surface Science Reports, 2008, 63 (12): 515-582.

[40] MITORAJ D, JACZYK A, STRUS M. Visible light inactivation of bacteria and fungi by modified titanium dioxide [J]. Photochemical & Photobiological Sciences, 2007, 6: 642-648.

[41] ZHU D, XU A, QU Y, et al. Fabrication and antibacterial performance of bio-graded nano-composite materials by using inkjet printing method [J]. Materials Science

Forum, 2009, 610-613: 1192-1197.

[42] ZHU D, LIANG J, DING Y, et al. Effect of heat treatment on far infrared emission properties of tourmaline powders modified with a rare earth [J]. Journal of the American Ceramic Society, 2008, 91 (8): 2588-2592.

[43] LEUNG T K, LIN Y S, CHEN Y C. Immunomodulatory effects of far-infrared ray irradiation via increasing calmodulin and nitric oxide production in raw 264. 7 macrophages [J]. Biomedical Engineering: Applications, Basis and Communications, 2009, 21 (5): 317-323.

[44] UDAGAWA Y, NAGASAWA H. Effects of far-infrared ray on reproduction, growth, behaviour and some physiological parameters in mice [J]. In Vivo, 2000, 14 (2): 321-326.

[45] 朱东彬. 远红外功能稀土矿物复合材料对液化石油气燃烧影响的研究 [D]. 天津: 河北工业大学, 2007.

[46] INOUE S, KABAYA M. Biological activities caused by farinfrared radiation [J]. International Journal of Biometeorology, 1989, 33 (3): 145-150.

[47] SHIGEZO S, TETSURO Y, TADAHIKO M, et al. Effect of far infrared light irradiation on water as observed by X-ray diffraction measurements [J]. Japanese Journal of Applied Physics, 2004, 43 (4B): L545-L547.

[48] MARKWORTH A J, SAUNDERS J H. A model of structure optimization for a functionally graded material [J]. Materials Letters, 1995, 22: 103-117.

[49] FUKUI Y, TAKASHIMA K, PONTON C B. Measurement of young's modulus and internal friction of an in situ functionally gradient material [J]. Journal of Material Science, 1994, (29): 2281-2288.

[50] BENDSOE M P, SIGMUND O. Topology optimization: theory, methods and applications [M]. Berlin Heidelberg: Springer Verlag, 2003.

[51] GUO Q, YAO W, LI W, et al. Constitutive models for the structural analysis of composite materials for the finite element analysis: a review of recent practices [J]. Com-

posite Structures，2021，260：113267.

[52] 杨伟东，檀润华，颜永年，等. 无模铸型制造工艺造型设备的开发 [J]. 机床与液压，2005，7：42-44.

[53] 米志梅. 功能梯度材料实体的三维喷墨打印机的研究 [D]. 天津：河北工业大学，2009.

[54] ZHU D，XU A. Dual-phase materials extrusion process for rapid fabrication of ceramic dental crown [J]. Advanced Materials Research，2010，97-101：4050-4053.

[55] 徐安平，朱东彬，曲云霞，等. 一种非均质功能构件的制造方法与装置：CN101328067A [P]. 2008-07-16.

[56] 徐安平，朱东彬，曲云霞，等. 打印喷头与激光头构成的组合头：CN201211731Y [P]. 2008-07-16.

[57] LUTHARDT R G，HOLZHUTER M S，RUDOLPH H，et al. CAD/CAM machining effects on Y-TZP zirconia [J]. Dental Materials，2004，20 (7)：655-662.

[58] 文进，陈汉斌，胡双. 牙科陶瓷冠桥修复体材料的发展现状 [J]. 口腔材料器械杂志，2007，1：34-36，42.

[59] MENG J P，LIANG J S，OU X Q，et al. Effects of mineral tourmaline particles on the photocatalytic activity of TiO_2 thin films [J]. Journal of Nanoscience and Nanotechnology，2008，8 (3)：1279-1283.

[60] LIANG J，ZHU D，MENG J. Performance and application of far infrared rays emitted from rare earth mineral composite materials [J]. Journal of Nanoscience and Nanotechnology，2008，8 (3)：1203-1210.

[61] ZHU D，LIANG J，LI F. Preparation and characterization of rare earth composite materials radiating far infrared for activating liquefied petroleum gas [J]. Journal of Rare Earths，2006，24 (1)：277-280.

[62] ZHANG H，LI P，HUI N，et al. The microstructure and methane catalytic combustion of ceria composite materials modified with tourmaline particles [J]. Journal of Alloys and Compounds，2017，712：567-572.

[63] PACCHIONI G. Modeling doped and defective oxides in catalysis with density functional theory methods: room for improvements [J]. Journal of Chemical Physics, 2008, 128 (18): 182505.

[64] MA R, ZHANG S, WEN T, et al. A critical review on visible-light-response CeO_2-based photocatalysts with enhanced photooxidation of organic pollutants [J]. Catalysis Today, 2019, 335: 20-30.

[65] NOLAN M, ELLIOTT S D, MULLEY J S, et al. Electronic structure of point defects in controlled self-doping of the TiO_2 (110) surface: combined photoemission spectroscopy and density functional theory study [J]. Physical Review B, 2008, 77 (23):55-60.

[66] MULLINS D R, DONALD T S. Adsorption and reaction of methanethiol on thin-film cerium oxide [J]. Surface Science, 2008, 602 (6): 1280-1287.

[67] KORHONEN S. Effect of support material on the performance of chromia dehydrogenation catalysts [D]: Helsinki University of Technology, 2008.

[68] NADEEM M, KHAN R, AFRIDI K, et al. Green synthesis of cerium oxide nanoparticles (CeO_2 NPs) and their antimicrobial applications: a review [J]. International Journal of Nanomedicine, 2020, 15: 5951.

[69] JU N Y, LEAD J R. Manufactured nanoparticles: an overview of their chemistry, interactions and potential environmental implications [J]. Science of the Total Environment, 2008, 400 (1-3): 396-414.

[70] CHEN H, ALEKSANDROV A, Liu M, et al. Electron stimulated desorption of O^{2+} from gadolinia-doped ceria surfaces [J]. Applied Surface Science, 2008, 254 (16): 4965-4969.

[71] CHEN H, ADEKOYA D, HENCZ L, et al. Stable seamless interfaces and rapid ionic conductivity of $Ca-CeO_2$/LiTFSI/PEO composite electrolyte for high-rate and high-voltage all-solid-state battery [J]. Advanced Energy Materials, 2020, 10 (21): 2000049.

[72] WATKINS M B, FOSTER A S, SHLUGER A L. Hydrogen cycle on CeO_2 (111) sur-

faces: density functional theory calculations [J]. Journal of Physical Chemistry C, 2007, 111 (42): 15337-15341.

[73] VISWANATHAN V, FILMALTER R, PATIL S, et al. High-temperature oxidation behavior of solution precursor plasma sprayed nanoceria coating on martensitic steels [J]. Journal of the American Ceramic Society, 2007, 90 (3): 870-877.

[74] AGENTER M K, HARRIS E F, BLAIR R N. Influence of tooth crown size on malocclusion [J]. American Journal of Orthodontics and Dentofacial Orthopedics, 2009, 136 (6): 795-804.

[75] KUCHEYEV S O, CLAPSADDLE B J, WANG Y M, et al. Electronic structure of nanoporous ceria from X-ray absorption spectroscopy and atomic multiplet calculations [J]. Physical Review B, 2007, 76 (23): 30-38.

[76] GLINCHUK M D, BYKOV P I, HILCZER B. Mechanism of the decrease of barriers for oxygen ionic conductivity in nanocrystalline ceramics [J]. Physica Status Solidi B-Basic Solid State Physics, 2007, 244 (2): 578-586.

[77] KIM H Y, LEE H M, HENKELMAN G. CO oxidation mechanism on CeO_2-supported Au nanoparticles [J]. Journal of the American Chemical Society, 2012, 134 (3): 1560-1570.

[78] GANDUGLIA M V, HOFMANN A, SAUER J. Oxygen vacancies in transition metal and rare earth oxides: current state of understanding and remaining challenges [J]. Surface Science Reports, 2007, 62 (6): 219-270.

[79] FU Q, WAGNER T. Interaction of nanostructured metal overlayers with oxide surfaces [J]. Surface Science Reports, 2007, 62 (11): 431-498.

[80] ZHOU J, MULLINS D R. Adsorption and reaction of formaldehyde on thin-film cerium oxide [J]. Surface Science, 2006, 600 (7): 1540-1546.

[81] MA R, ZHANG S, WEN T, et al. A critical review on visible-light-response CeO_2-based photocatalysts with enhanced photooxidation of organic pollutants [J]. Catalysis Today, 2019, 335: 20-30.

［82］PEREZ F J, GRANADOS M L, OJEDA M. Relevance in the fischer-tropsch synthesis of the formation of Fe-O-Ce interactions on iron-cerium mixed oxide systems ［J］. Journal of Physical Chemistry B, 2006, 110 (47): 23870-23880.

［83］NIKOLOVA D, STOYANOVA E, STOYCHEV D, et al. Anodic behaviour of stainless steel covered with an electrochemically deposited Ce_2O_3-CeO_2 film ［J］. Surface & Coatings Technology, 2006, 201 (3-4): 1559-1567.

［84］MULLINS D R, ROBBINS M D, ZHOU J. Adsorption and reaction of methanol on thin-film cerium oxide ［J］. Surface Science, 2006, 600 (7): 1547-1558.

［85］WANG Z, HUANG Z, BROSNAHAN J T, et al. Ru/CeO_2 catalyst with optimized CeO_2 support morphology and surface facets for propane combustion ［J］. Environmental Science & Technology, 2019, 53 (9): 5349-5358.

［86］LIN W, HUANG Y, ZHOU X, et al. Toxicity of cerium oxide nanoparticles in human lung cancer cells ［J］. International Journal of Toxicology, 2006, 25 (6): 451-457.

［87］GRANADOS M L, GALISTEO F C, LAMBROU P S, et al. Role of P-containing species in phosphated CeO_2 in the deterioration of its oxygen storage and release properties ［J］. Journal of Catalysis, 2006, 239 (2): 410-421.

［88］CAVALLARO A, SANDIUMENGE F, GAZQUEZ J, et al. Growth mechanism, microstructure, and surface modification of nanostructured CeO_2 films by chemical solution deposition ［J］. Advanced Functional Materials, 2006, 16 (10): 1363-1372.

［89］NANDA K K. Bulk cohesive energy and surface tension from the size-dependent evaporation study of nanoparticles ［J］. Applied Physics Letters, 2005, 87 (2): 11-16.

［90］ESCH F, FABRIS S, ZHOU L. Electron localization determines defect formation on ceria substrates ［J］. Science, 2005, 309 (5735): 752-755.

［91］DESHPANDE A S, PINNA N, SMARSLY B, et al. Controlled assembly of preformed ceria nanocrystals into highly ordered 3D nanostructures ［J］. Small, 2005, 1 (3): 313-316.

［92］冀志江. 电气石自极化及应用基础研究 ［D］. 北京：中国建筑材料科学研究

院，2003.

[93] BUENO L A, KRISHNA K, MAKKEE M, et al. Enhanced soot oxidation by lattice oxygen via La^{3+}-doped CeO_2 [J]. Journal of Catalysis, 2005, 230 (1): 237-248.

[94] SUN S, CHU W, YANG W. Ce-Al mixed oxide with high thermal stability for diesel soot combustion [J]. Chinese Journal of Catalysis, 2009, 30 (7): 685-689.

[95] WU X, LIU D, LI K, et al. Role of CeO_2-ZrO_2 in diesel soot oxidation and thermal stability of potassium catalyst [J]. Catalysis Communications, 2007, 8 (8): 1274-1278.

[96] ZHU D, LIANG J, WANG L. Effect of tourmaline modified with La-doped nano-CeO_2 on consumption of liquefied petroleum gas [J]. Journal of Rare Earths, 2007, 25: 150-153.

[97] ZHU D, LIANG J, DING Y, et al. Application of far infrared rare earth mineral composite materials to liquefied petroleum gas [J]. Journal of Nanoscience and Nanotechnology, 2010, 10 (3): 1676-1680.

[98] Dentistry-ceramic materials: ISO 6872: 2015 [S]. Geneva: International Organization for Standardization, 2015.

[99] Dentistry-evaluation of biocompatibility of medical devices used in dentistry: ISO 7405: 2018 [S]. Geneva: International Organization for Standardization, 2018.

[100] ZHU D, XU A, QU Y, et al. Customized design and fabrication of permanent dental restoration [C]. 2009 2nd International Conference on BioMedical Engineering and Informatics (BMEI'09), Tianjin, China, IEEE eXpress Conference Publishing: 1101-1104.